Inhalt

Liebe Lehrerinnen und Lehrer,

im Mathematikunterricht der Klassen 1 und 2 wurden wichtige inhaltliche Grundlagen für weiteres erfolgreiches Lernen aufgebaut. Ihre Schüler verfügen über sichere Zahlenvorstellungen bis 100, über geometrische Grunderfahrungen und über Größenvorstellungen zur Länge, zur Zeit und zum Geld. Rechenoperationen haben sie über Handlungen erfasst und sie kennen effektive Rechenstrategien im Zahlenraum bis 100. Viele Aufgaben des Einspluseins und Einmaleins sind bereits automatisiert. Diese Kenntnisse und Erfahrungen sind grundlegend für das erfolgreiche Lernen im Mathematikunterricht der Klasse 3. Einige Ihrer Schüler haben diese Grundlagen noch nicht ausreichend aufgebaut. Sie sind zählende Rechner mit wenig brauchbaren Vorstellungen zu Zahlen, zur Geometrie und zu Größen. Ursachen für diese Unterschiede lassen sich häufig auf Entwicklungsverzögerungen in für Mathematiklernen wichtigen Fähigkeiten wie Vorstellungsfähigkeit, Abstraktionsfähigkeit und Orientierungsfähigkeit zurückführen. Solche Entwicklungsverzögerungen zeigen sich sowohl im mathematischen als auch im außermathematischen Bereich. Sie müssen in beiden Bereichen erkannt und aufgearbeitet werden, um Lernschwierigkeiten zu überwinden.

Die **Diagnose-Förder-Materialien** sollen Sie **unterstützen, Voraussetzungen der Kinder für den Mathematikunterricht** der jeweils angegebenen Klassenstufe **zu erfassen, Entwicklungsverzögerungen festzustellen** und ein **sicheres Fundament** zum Erlernen der mathematischen Inhalte bei allen Kindern **zu schaffen**.

Je nach Einsatz der Materialien können sie zur **Diagnose** genutzt werden, zum Beispiel
- zu Beginn des Schuljahres, um schnell einen Überblick über den aktuellen Stand der Schüler zu erhalten, oder
- schuljahresbegleitend, um Ursachen für Lernschwierigkeiten bei einzelnen Kindern aufzudecken,

und zum **Fördern** verwendet werden, zum Beispiel
- um ein gutes Ausgangsniveau für den Unterricht bei allen zu sichern, oder
- um Ursachen für Lernschwierigkeiten bei einzelnen Kindern aufzuarbeiten.

Sie finden in den Materialien Arbeitsblätter mit mathematischen und mit außermathematischen Inhalten. Da sie zum Erfassen und Aufarbeiten der Voraussetzungen der Schüler für die jeweils angegebene Klassenstufe gedacht sind, können sie lehrplan- und lehrbuchunabhängig sowohl im Unterricht als auch im Förderunterricht und zu Hause eingesetzt werden. Stärken und Schwächen der Kinder zeigen sich beim Lösen der Aufgaben und beim Reflektieren mit ihnen über ihr Vorgehen. So erhalten Sie wertvolle Informationen über Aufgabenverständnis, Strategien und Denkwege der Kinder.

Die Auswahl der Aufgaben beruht auf den Erfahrungen der Mitarbeiter der PAETEC Institute für Therapie, die mit rechenschwachen Kindern aller Altersstufen arbeiten.
Am Ende des Materials finden Sie Hinweise zur Auswahl der Aufgaben, zu den Inhalten und zur möglichen weiteren Förderung von Kindern mit Lernschwierigkeiten im Mathematikunterricht der Klasse 3.

Andrea Schulz

Dr. Andrea Schulz
Herausgeberin der Reihe Diagnose-Förder-Materialien für den Mathematikunterricht
Leiterin des Systems der PAETEC Institute für Therapie der paetec Gesellschaft für Bildung und Technik mbH

Schätzen und Zählen

Schätze zuerst die Anzahl der Gegenstände! Zähle danach!

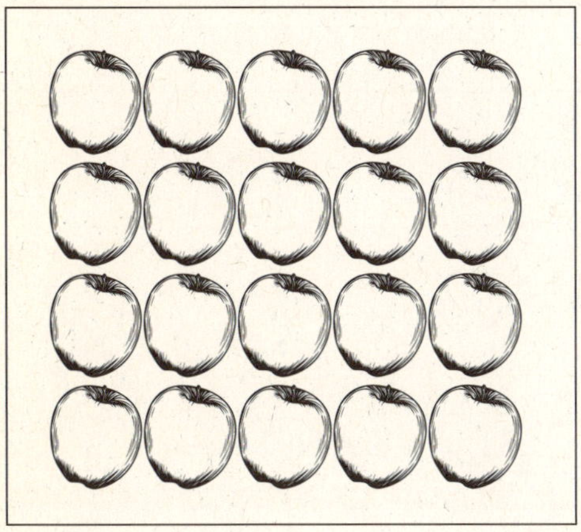

geschätzt:

Es sind Äpfel.

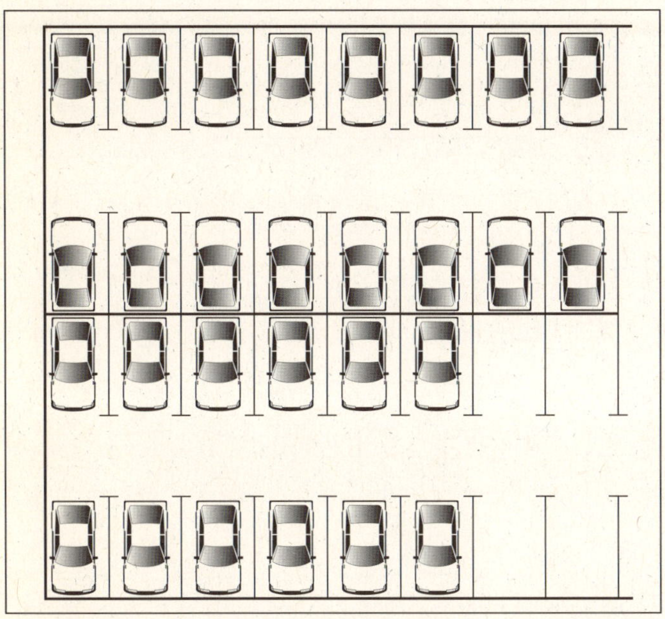

geschätzt:

Es sind Autos.

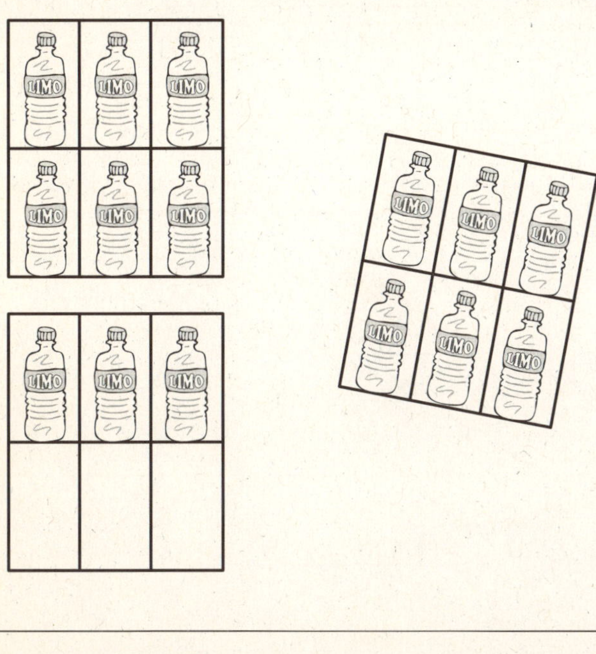

geschätzt:

Es sind Flaschen.

Schätzen und Zählen

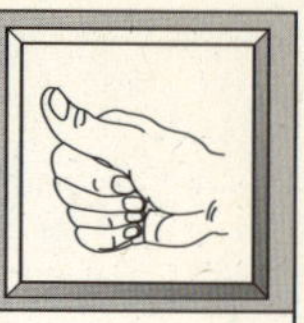

1. Schätze die Anzahl der Kreise, Vierecke und Dreiecke!
   Wovon gibt es am meisten? Zähle nach!

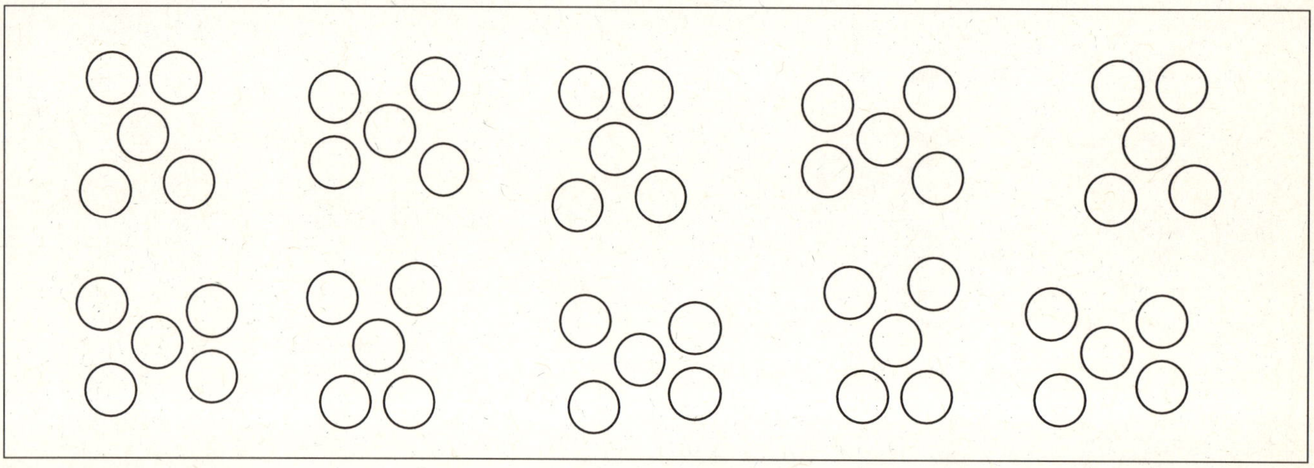

geschätzt: ______________ gezählt: ______________

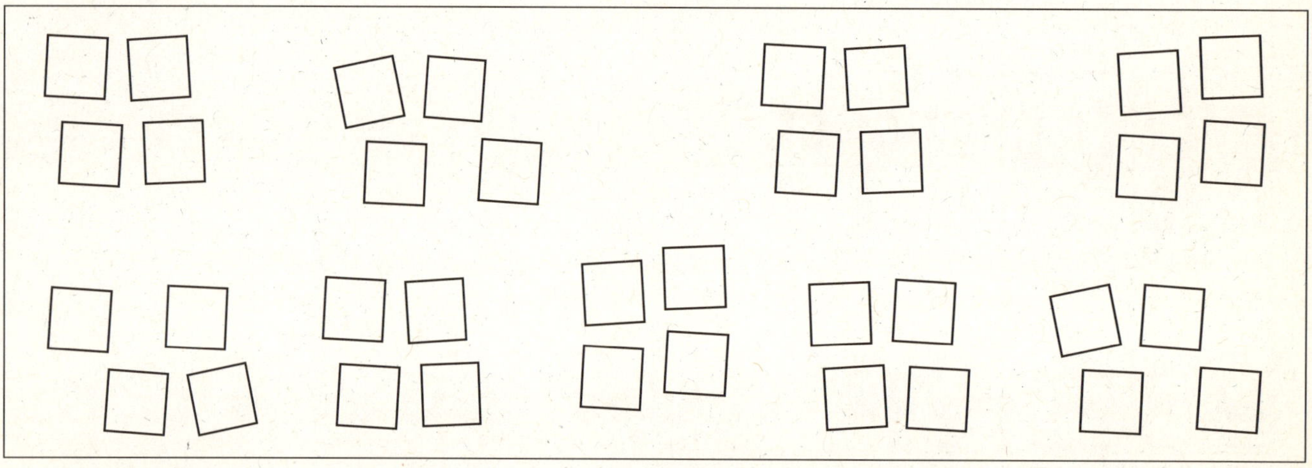

geschätzt: ______________ gezählt: ______________

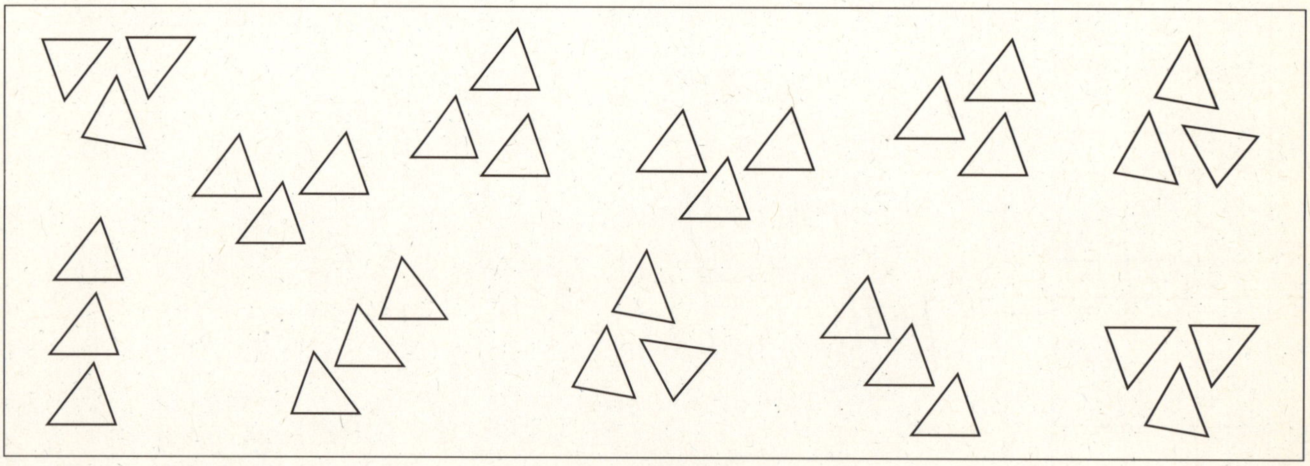

geschätzt: ______________ gezählt: ______________

Schätzen und Zählen

Pit, Maria und Tom haben gespart.
Schätze, wer mehr Geld gespart hat! Zähle dann nach!

Pit:

Maria:

Tom:

_____________ hat mehr gespart als Pit.

Tom hat _____________ gespart als Maria.

_____________ hat am meisten gespart.

Schätzen und Zählen

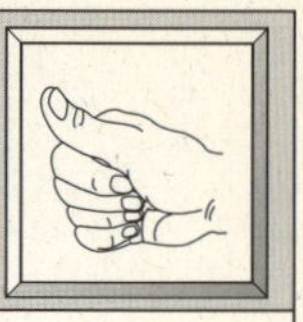

Anne und Pit haben gewürfelt.
Schätze, wer mehr Punkte hat! ________________ .
Zähle von jedem die Punkte zusammen!

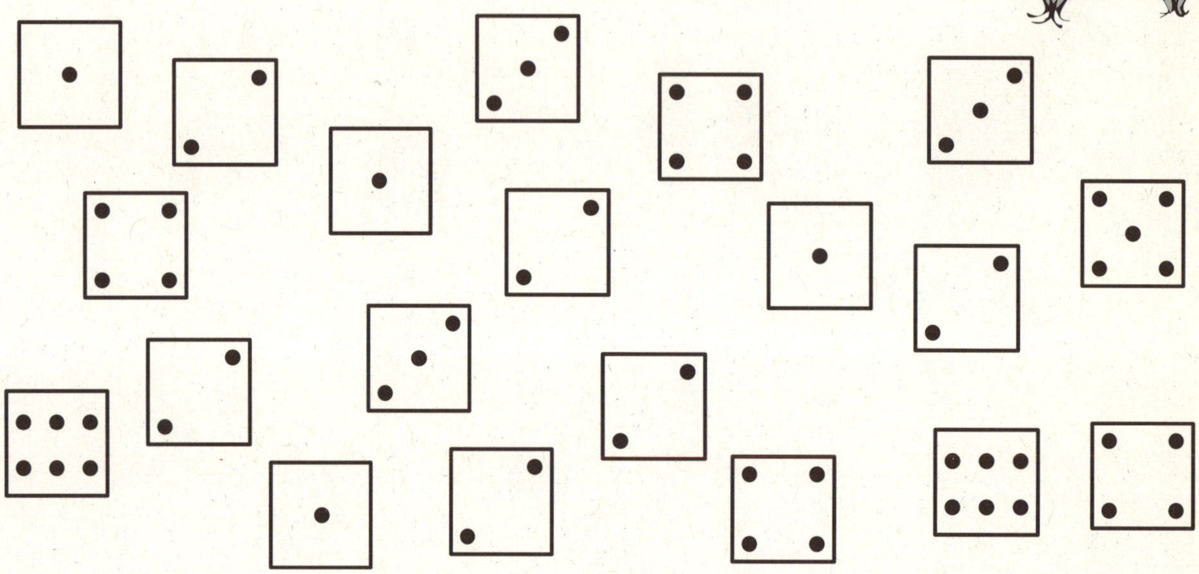

geschätzt: ________________ gezählt: ________________

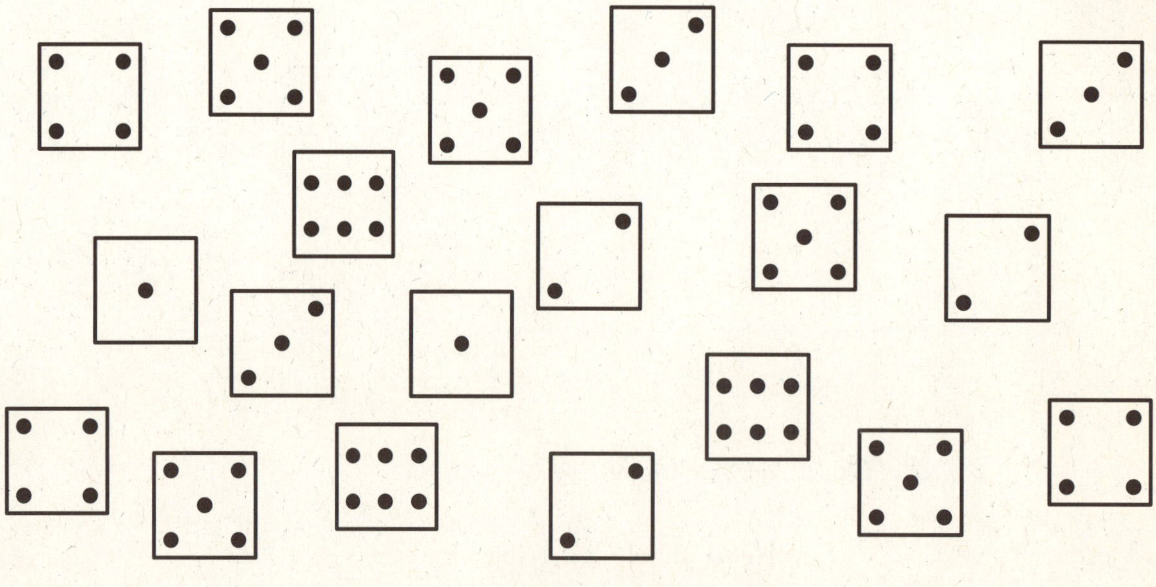

geschätzt: ________________ gezählt: ________________

Schätzen und Zählen

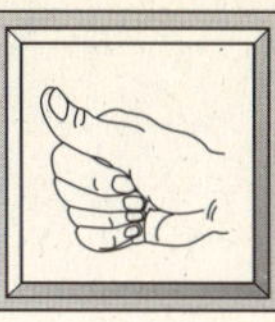

1. Zähle in Schritten!

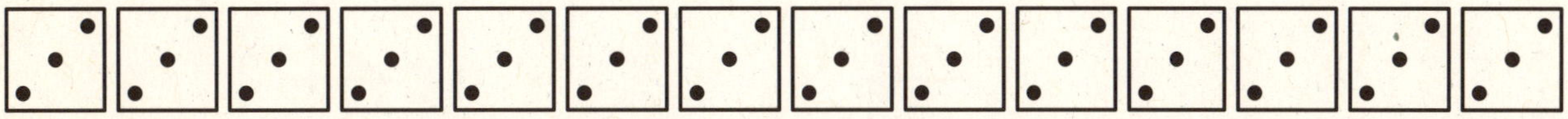

Es sind ____________ Punkte.

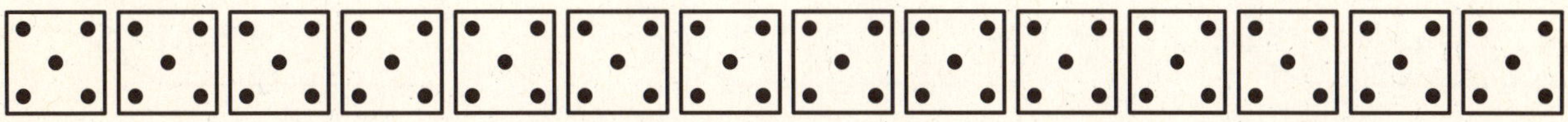

Es sind ____________ Punkte.

2. In welchen Schritte wurde hier gezählt?
Setze die Folgen richtig fort!

4,	8,	12,	,	,	,	,	,	
42,	44,	46,	,	,	,	,	,	
65,	60,	55,	,	,	,	,	,	
78,	75,	72,	,	,	,	,	,	

Bauen

Wie viele Würfel sind es? Baue nach!

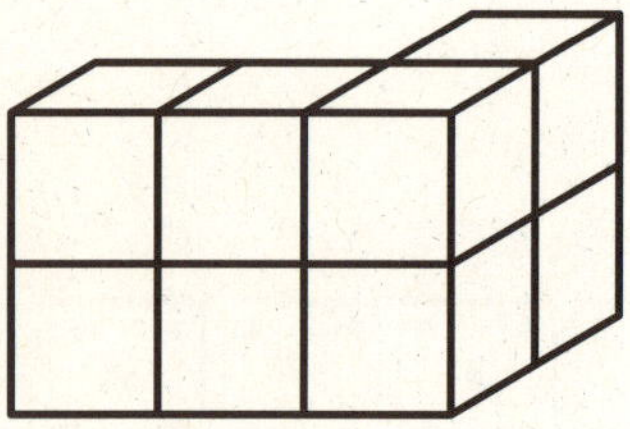

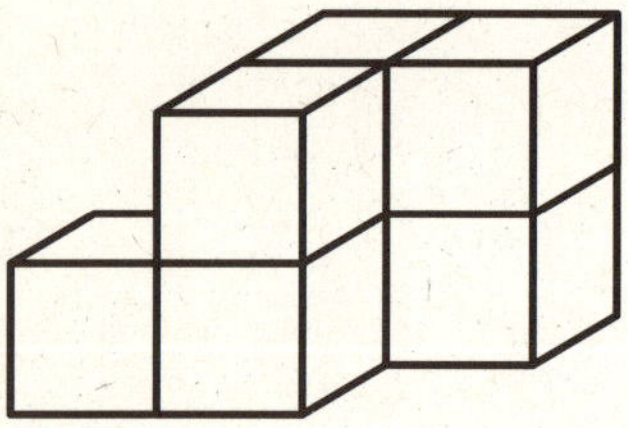

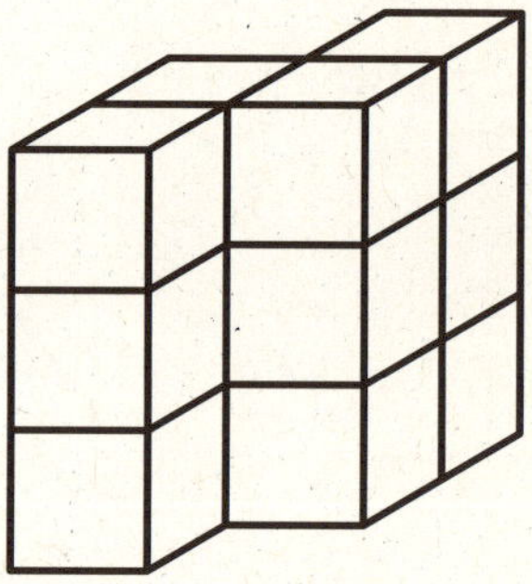

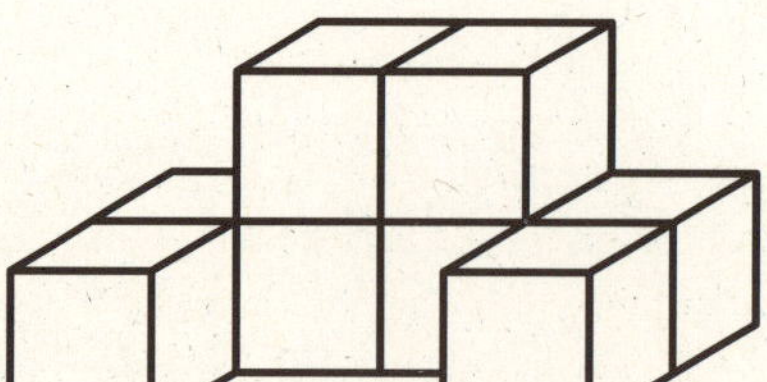

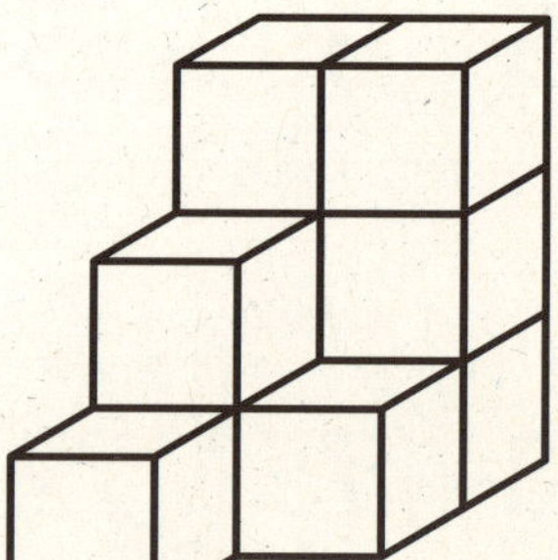

Bauen

Pit möchte die Kisten mit Würfeln füllen. Wie viele Würfel fehlen in jeder Kiste?

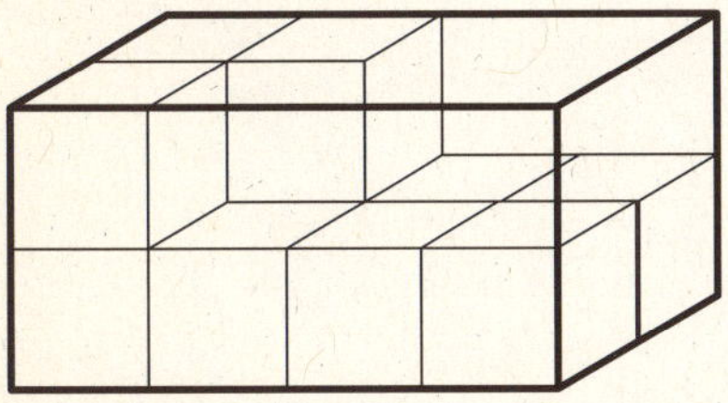

Es fehlen _________ Würfel.

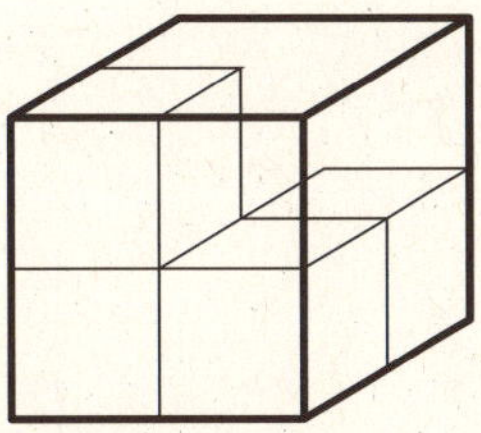

Es fehlen _________ Würfel.

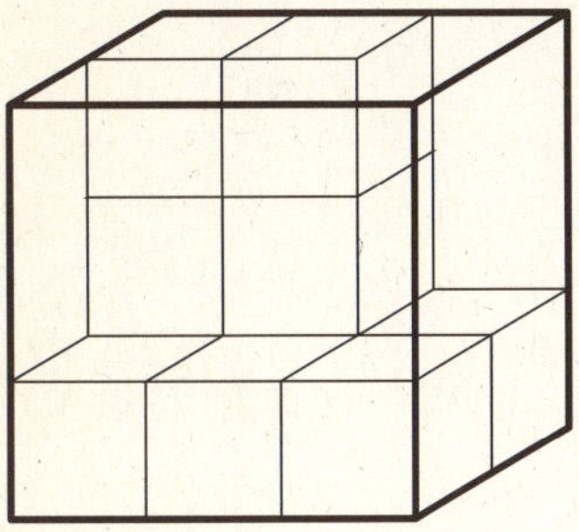

Es fehlen _________ Würfel.

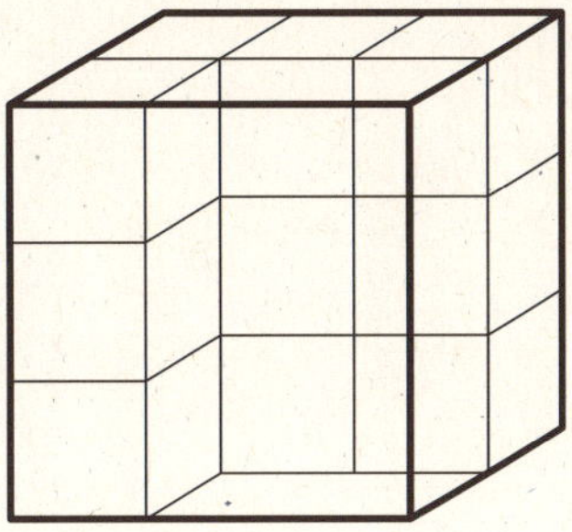

Es fehlen _________ Würfel.

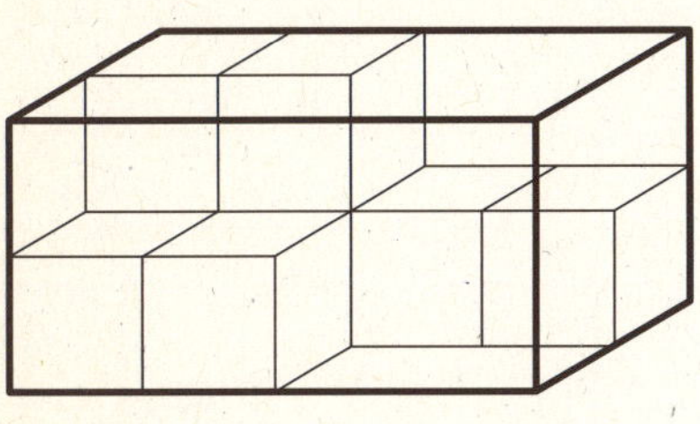

Es fehlen _________ Würfel.

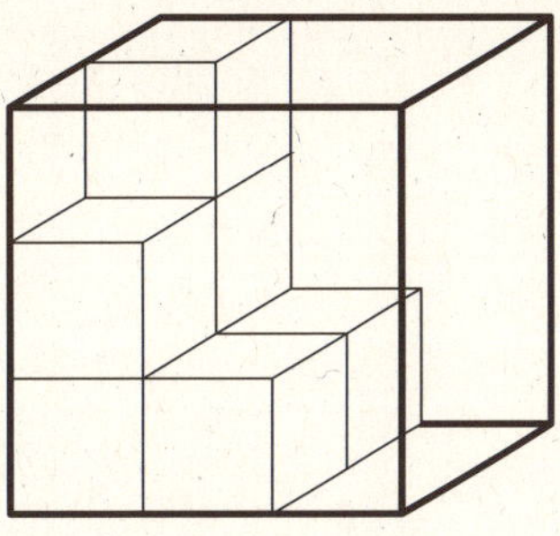

Es fehlen _________ Würfel.

Bauen

Pit schaut von oben auf seine Würfelbauten.
Welche Ansicht gehört zu welchem Bau?
Verbinde! Baue nach und kontrolliere!

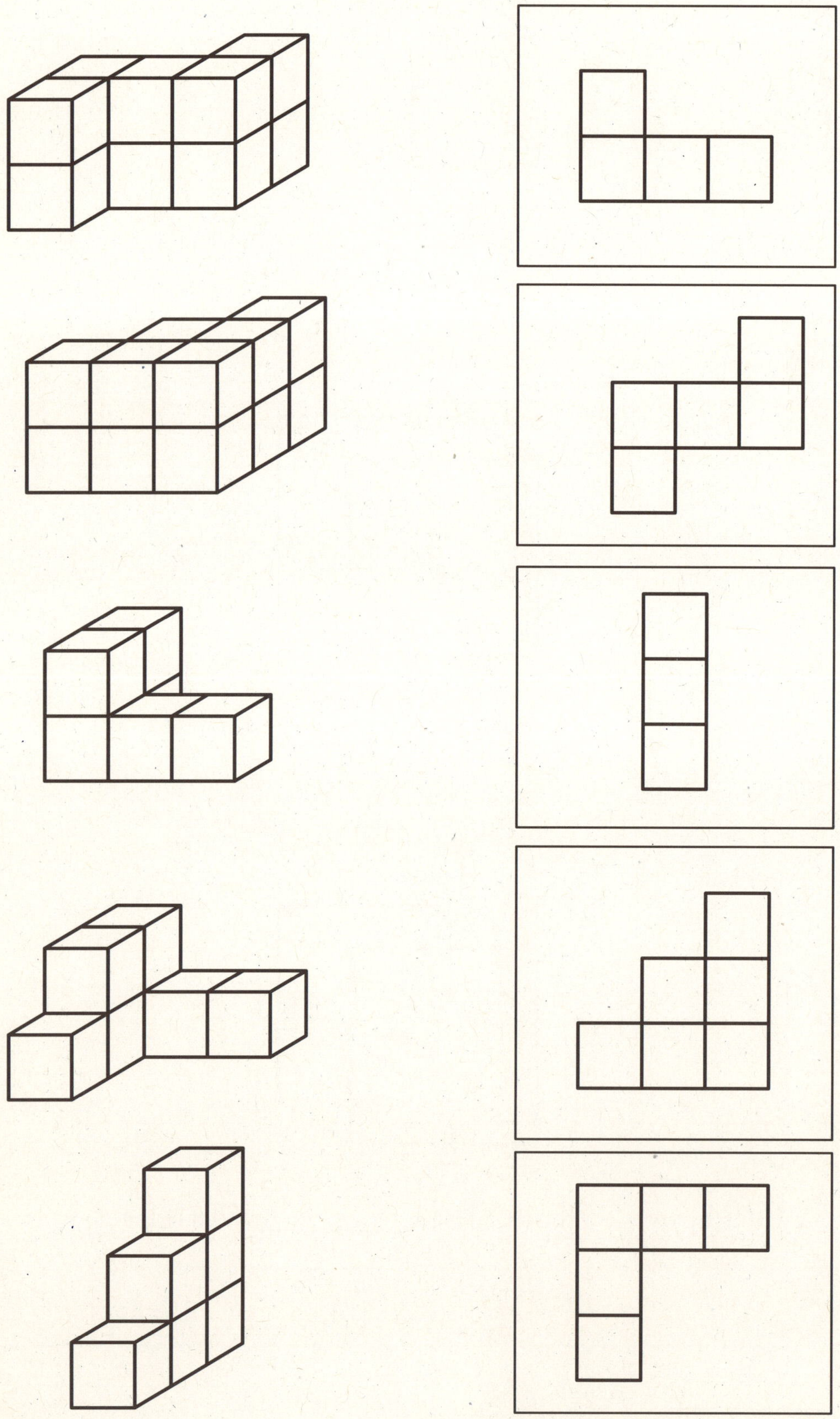

Bauen

Pit hat seine Würfelbauten aus mehreren Richtungen fotografiert.
Welche Bildunterschrift gehört zu welchem Bild? Ordne zu!

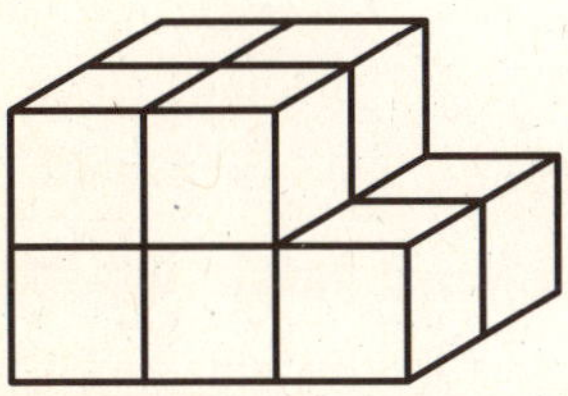

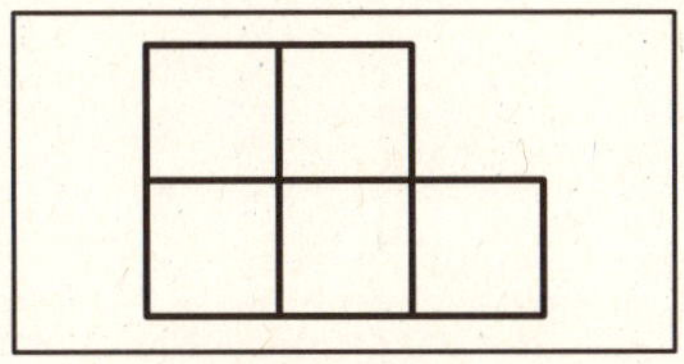

von oben

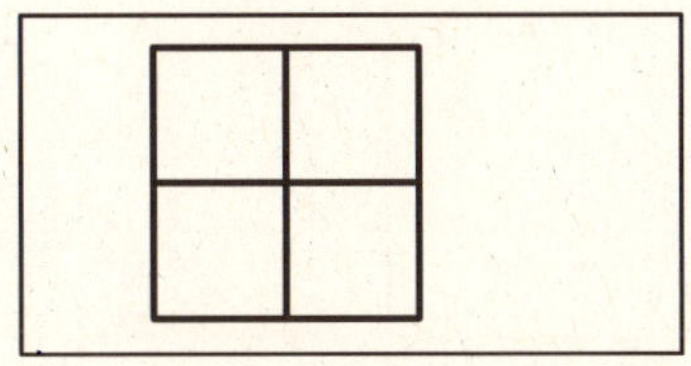

von vorn

von rechts

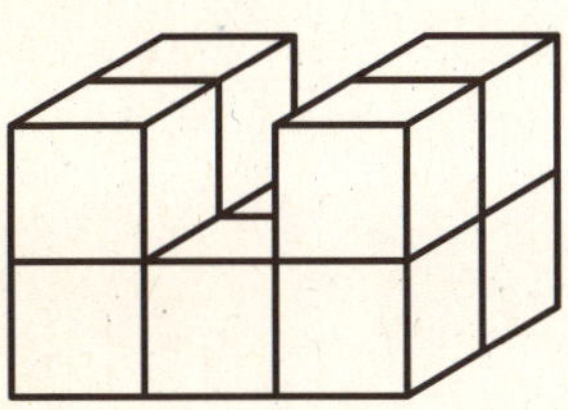

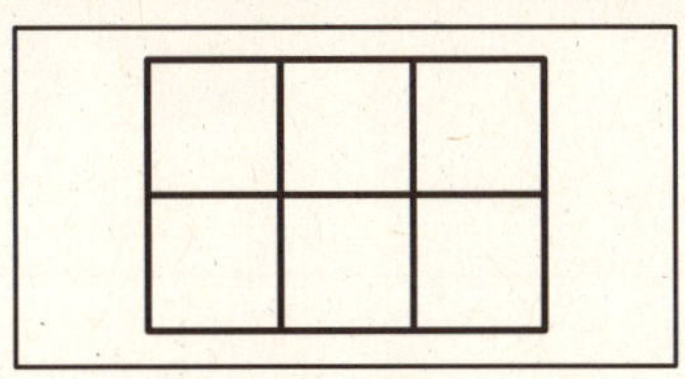

von oben

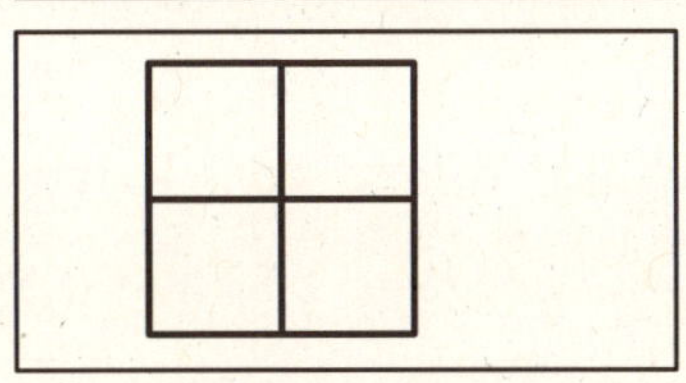

von vorn

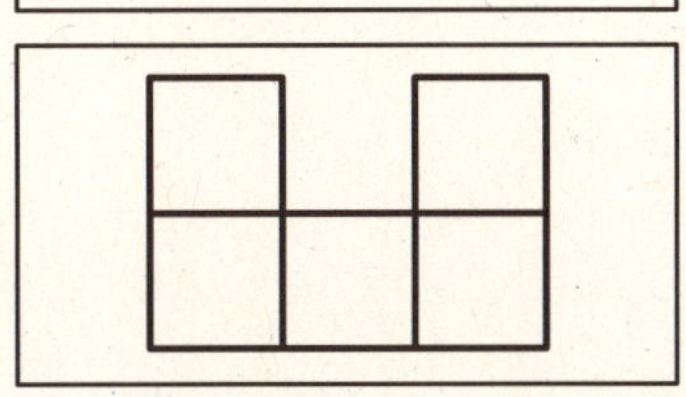

von rechts

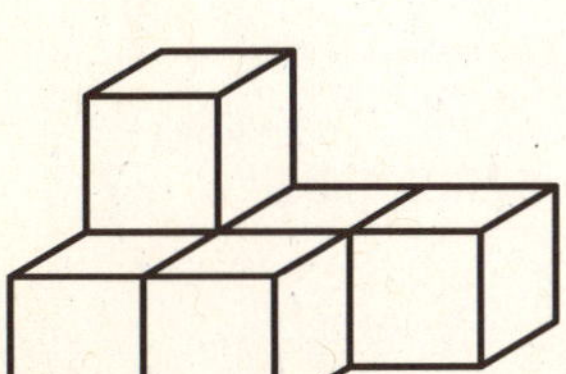

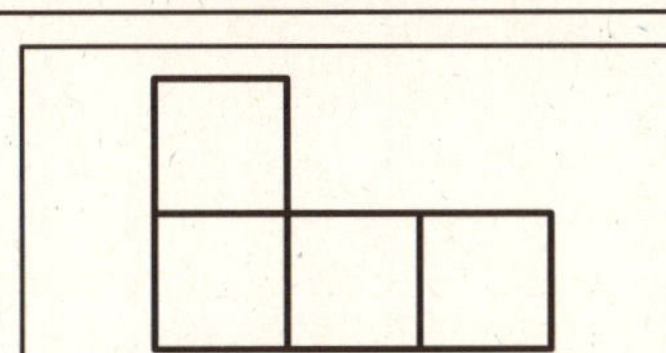

von oben

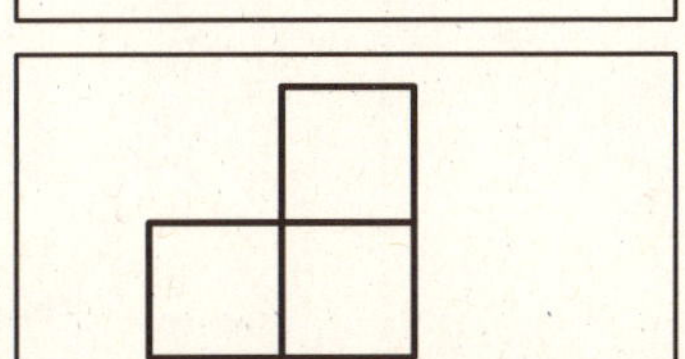

von vorn

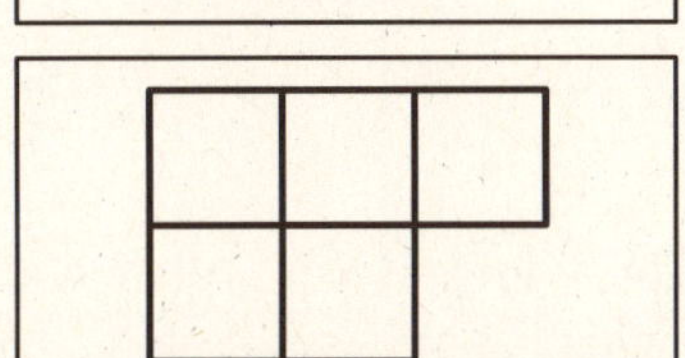

von rechts

Vergleichen

1. Finde 7 Unterschiede! Kennzeichne sie farbig!

2. Das rechte Bild soll genauso aussehen wie das linke.
   Male es fertig!

Vergleichen

Pit zeichnet ein Haus. Nummeriere die Bilder in der richtigen Reihenfolge!
Kennzeichne farbig, was hinzu gekommen ist!

Vergleichen

Wo sind mehr Gegenstände dargestellt? Kreuze an!

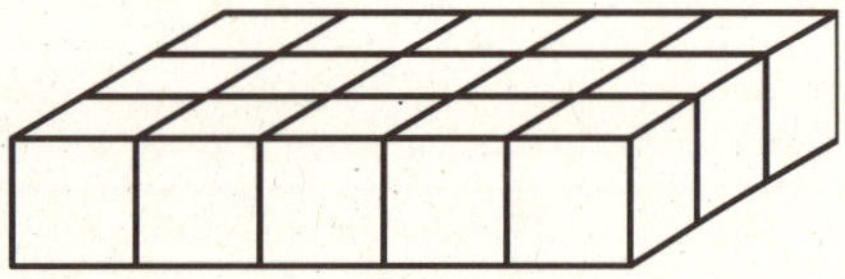

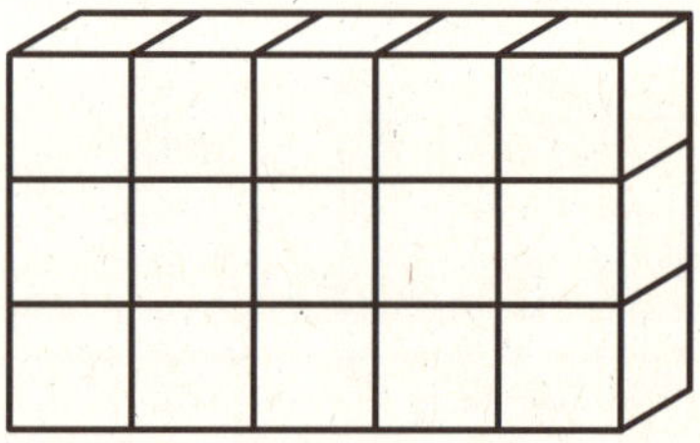

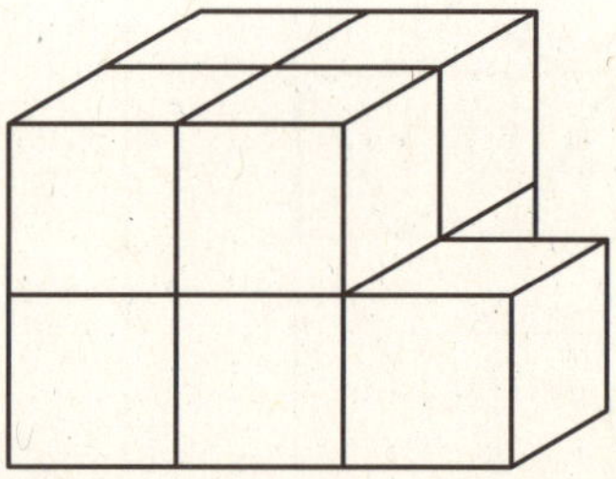

Vergleichen

Pit und Lina würfeln. Wer gewinnt, weil er mehr Punkte hat?

1. Runde

Pits Würfel:

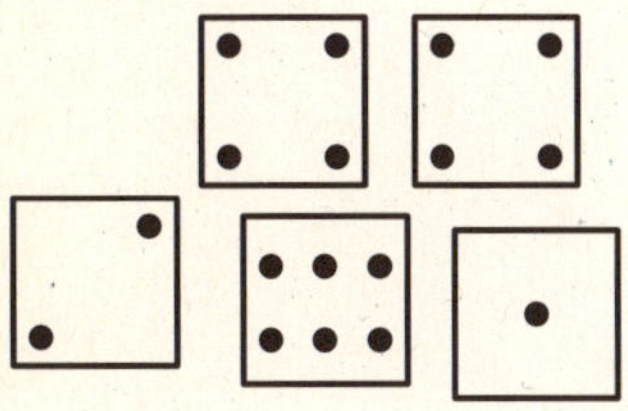

Linas Würfel:

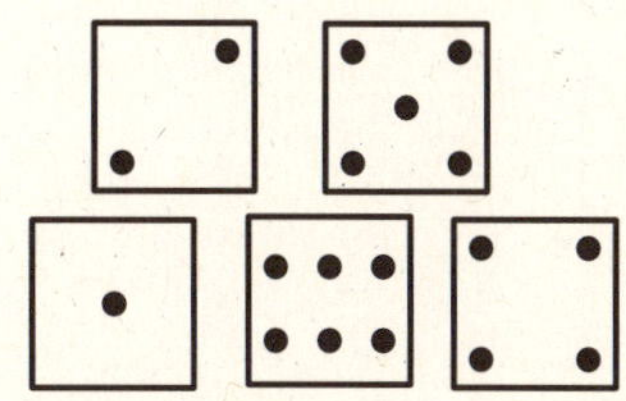

Gewinner: ____________

2. Runde

Pits Würfel:

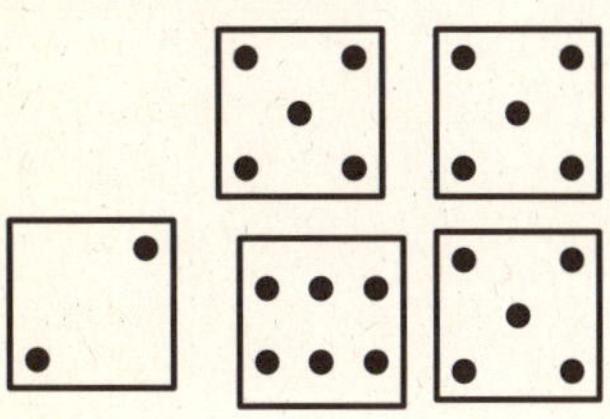

Linas Würfel:

Gewinner: ____________

3. Runde

Pits Würfel:

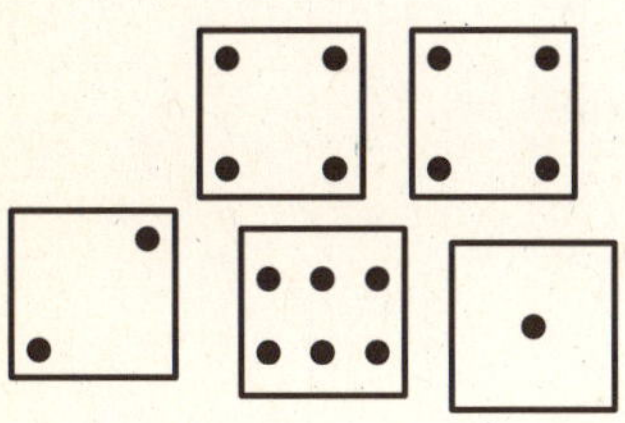

Linas Würfel:

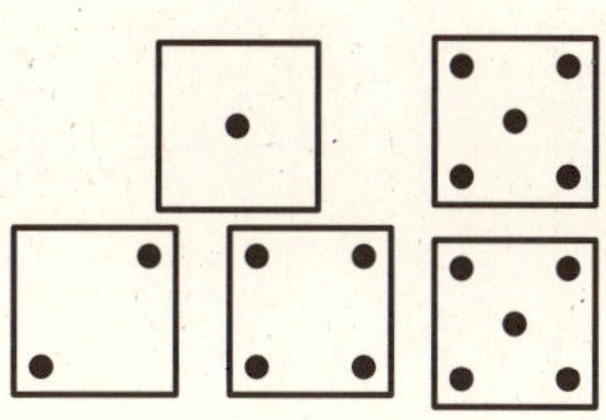

Gewinner: ____________

4. Runde

Pits Würfel:

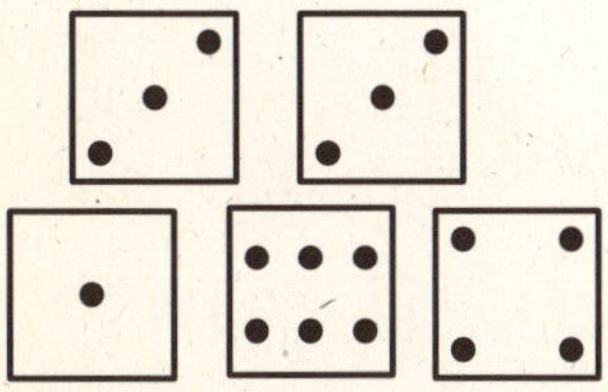

Linas Würfel:

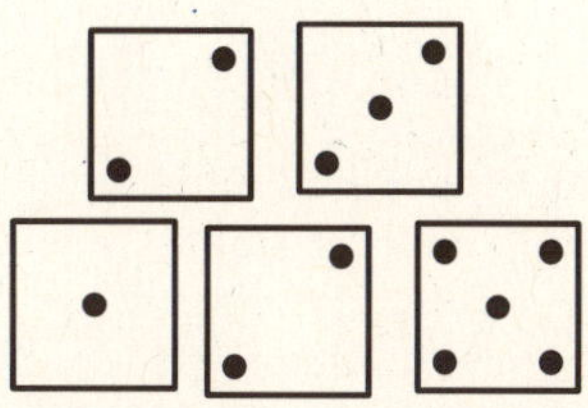

Gewinner: ____________

Vergleichen

Schreibe zu den Bildern die dargestellten Zahlen auf!
Vergleiche die Zahlen und setze das richtige Zeichen **<**, **>** oder **=** !

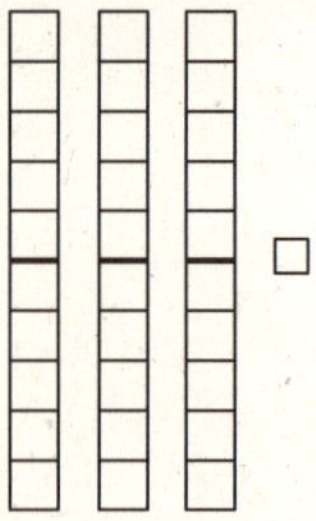

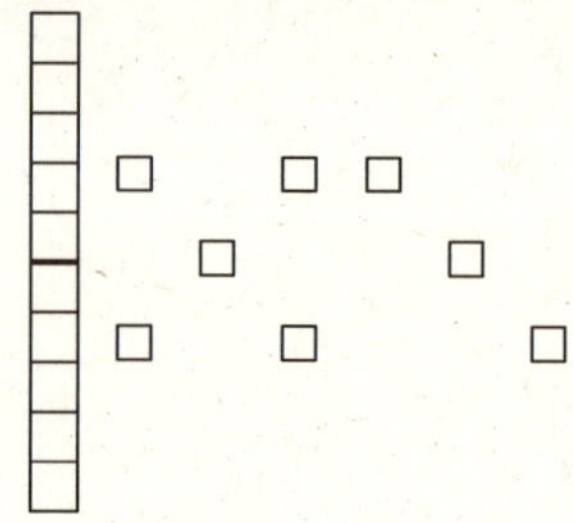

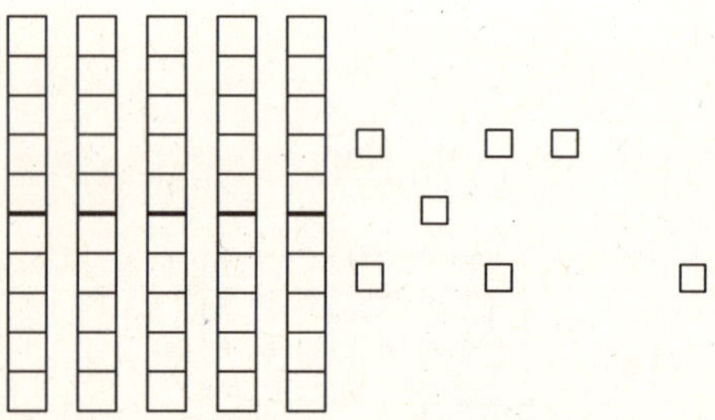

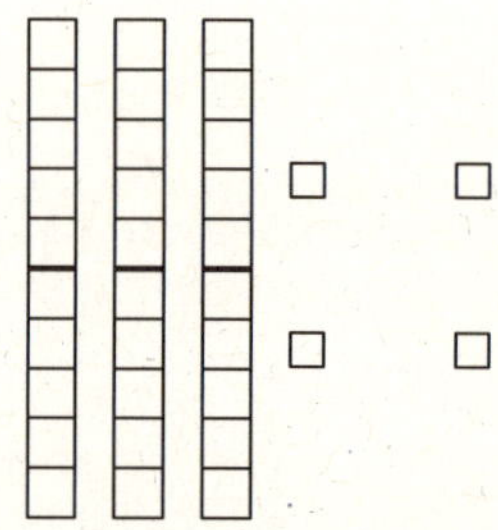

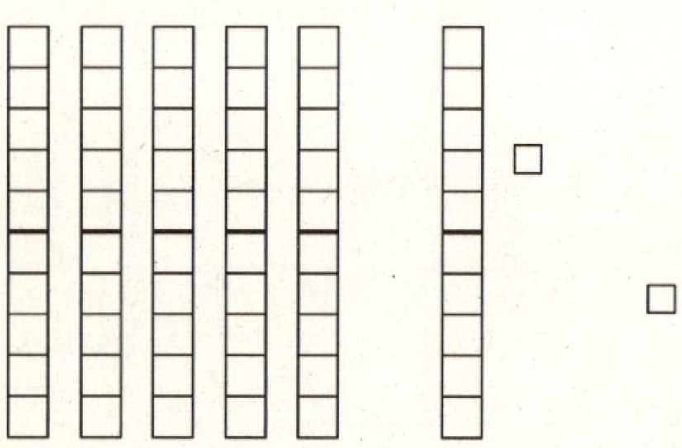

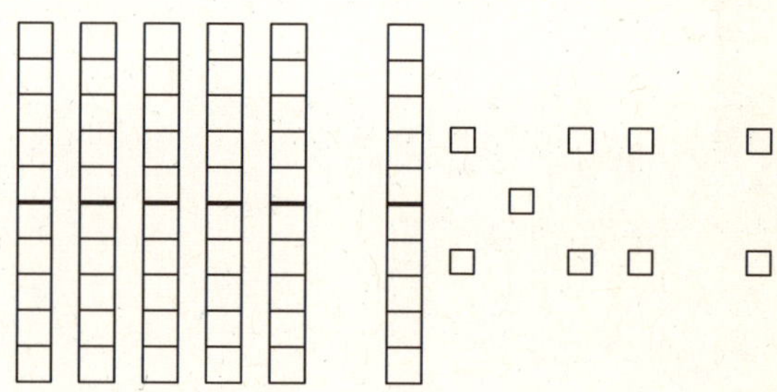

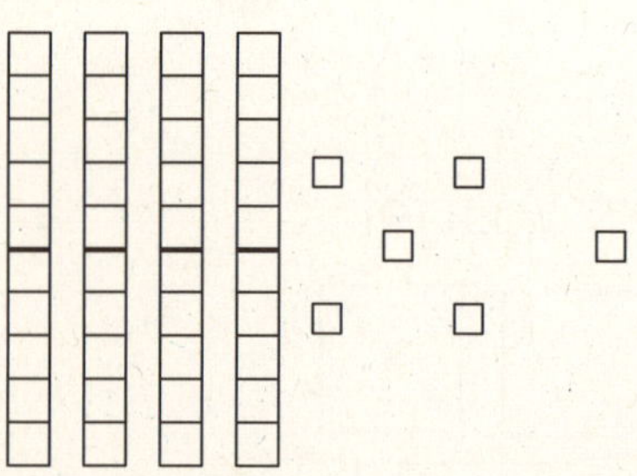

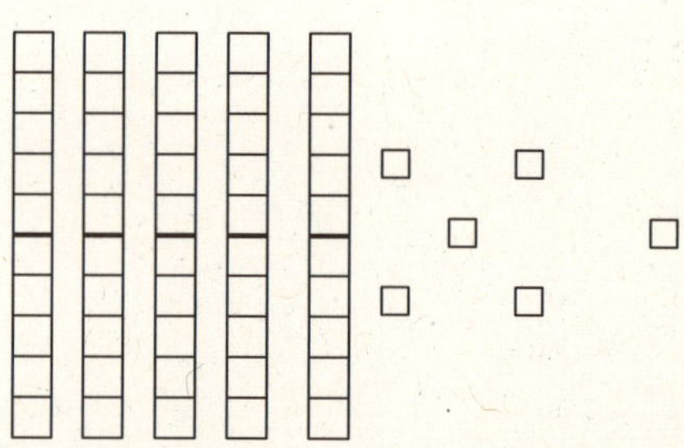

Orientieren

Pit geht ins Kino. Male aus!

- das Kind vor Pit rot
- das Kind hinter Pit blau

- das Kind, das genau vor Pit sitzt, rot
- das Kind an seiner rechten Seite gelb
- das Kind an seiner linken Seite grün
- das Kind genau hinter ihm blau

- das Kind, das genau vor Pit läuft, rot
- das Kind rechts von ihm gelb
- das Kind links von ihm grün
- das Kind genau hinter ihm blau

Orientieren

Ergänze die Sätze! Verwende Bezeichnungen wie oben, unten, auf, vor, rechts und links!

Das Zelt steht ______________________________ dem Baum.

Der Fußball liegt ______________________________ .

Der Hund sitzt ______________________________ .

Das Fahrrad steht ______________________________ .

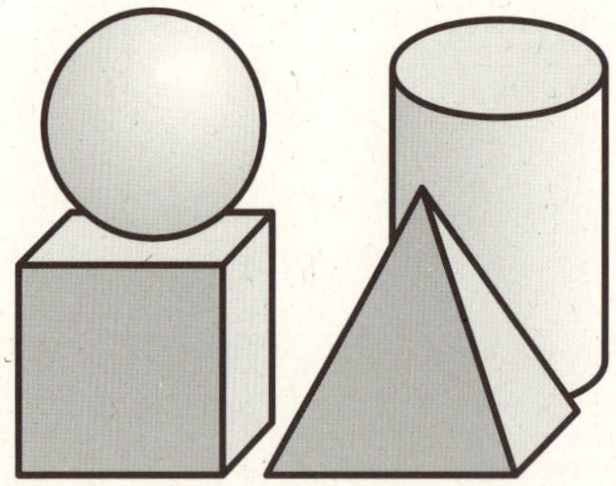

Die Pyramide steht ______________________________ dem Zylinder.

Der Würfel steht ______________________________ von der Pyramide.

Die Kugel liegt ______________________________ .

Der Zylinder steht ______________________________ .

Orientieren

Male wie rechts beschrieben aus! Beginne am grauen Kästchen!

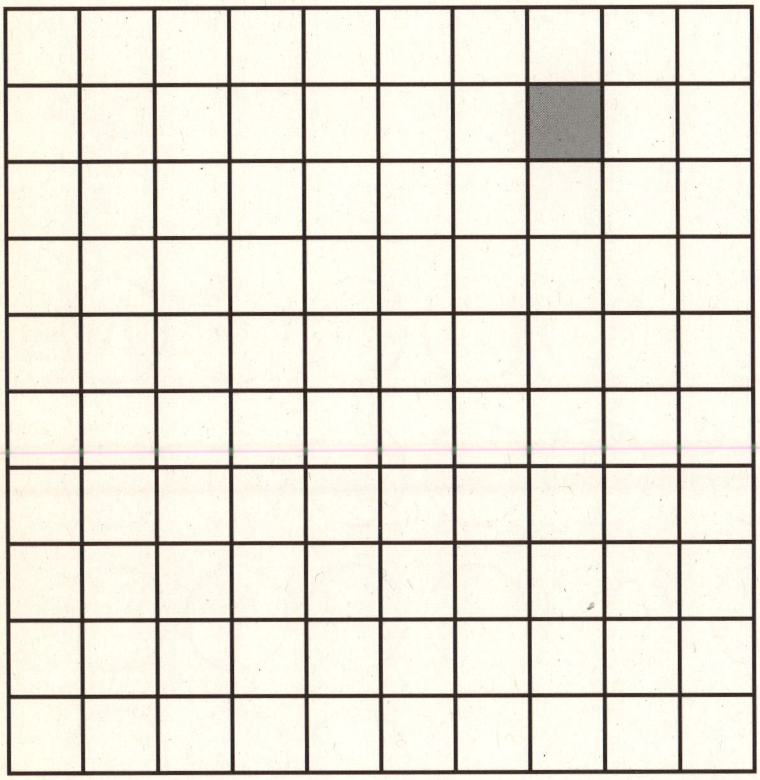

- 4 Kästchen nach links
- 6 Kästchen nach unten
- 3 Kästchen nach rechts

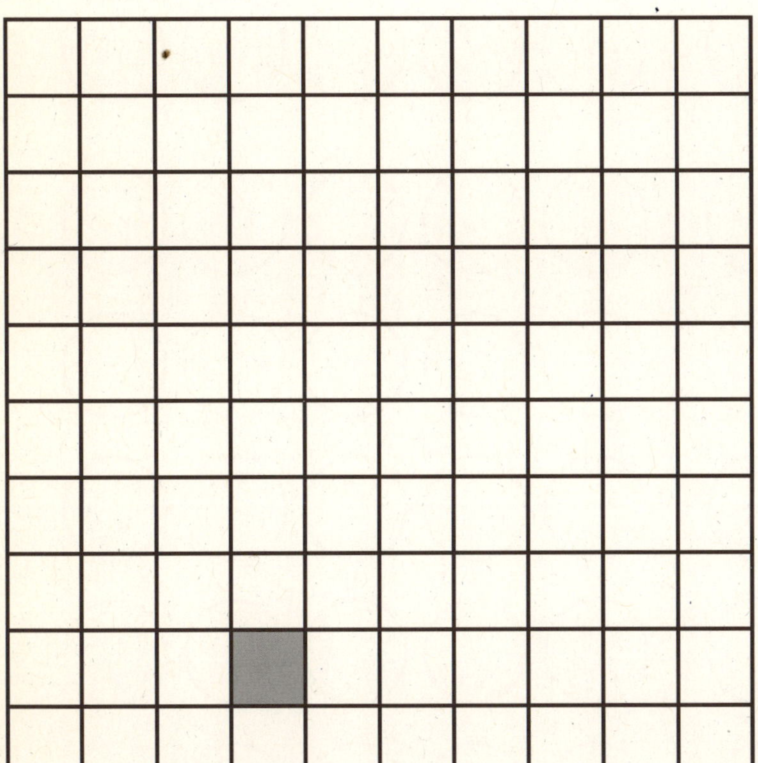

- 7 Kästchen nach oben
- 3 Kästchen nach rechts
- 3 Kästchen nach unten
- 2 Kästchen nach links

Orientieren

1. Trage die Zehnerzahlen richtig ein!
2. Fülle die grauen Kreise richtig aus!
3. Trage die folgenden Zahlen richtig ein! Versuche sie möglichst schnell zu finden: 25, 92, 47, 36, 63, 99, 74!

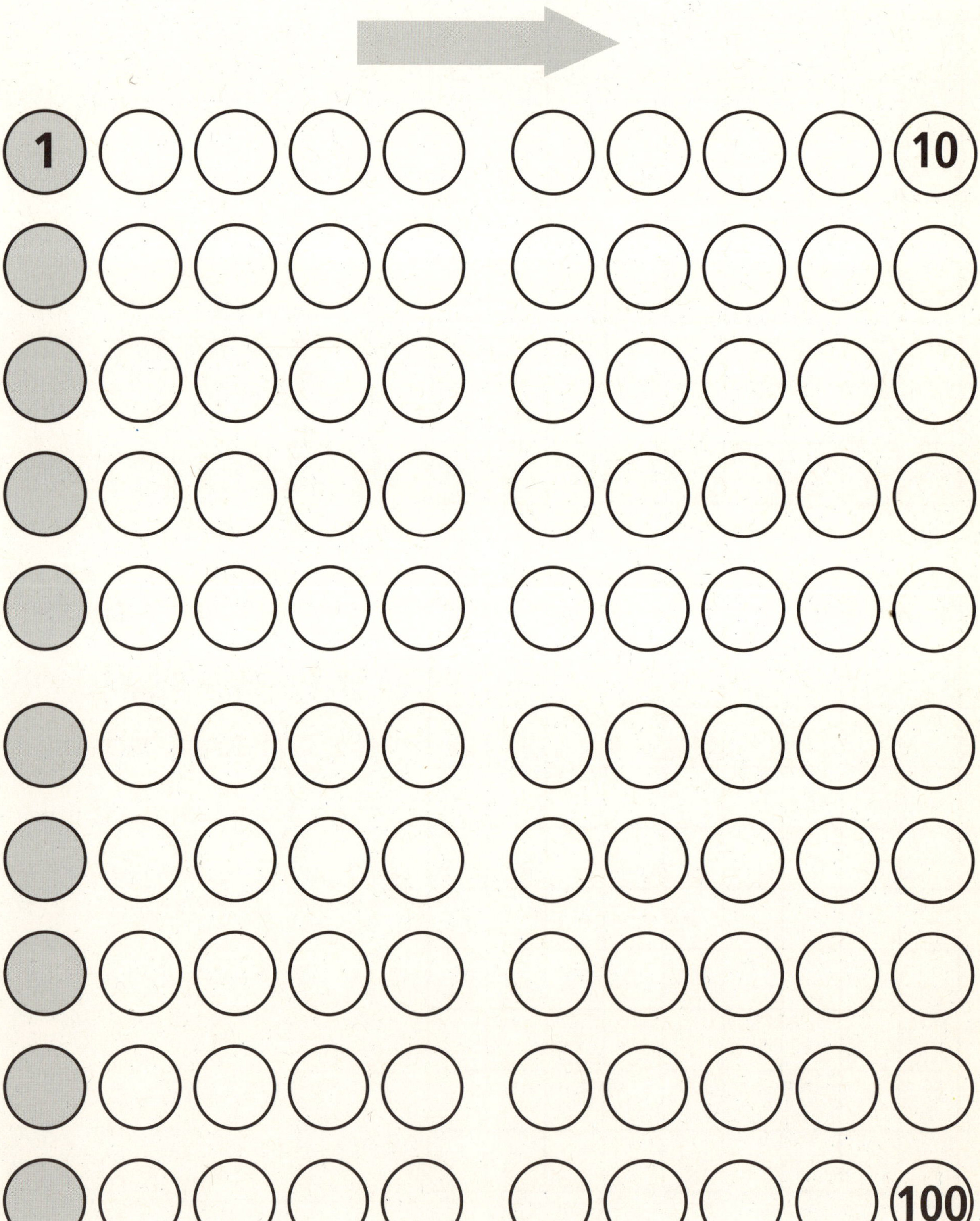

Orientieren

1. Male 37 Kästchen farbig aus!

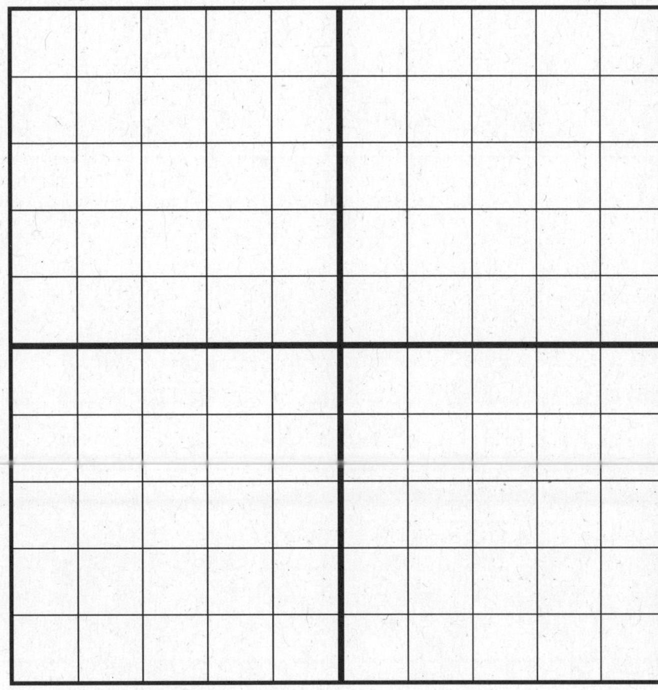

2. Trage die folgenden Zahlen in das untere Hunderterquadrat ein!
   5, 27, 84, 45, 66, 72!

3. Schreibe zu jeder eingetragenen Zahl den Vorgänger (rot) und den Nachfolger (blau)!

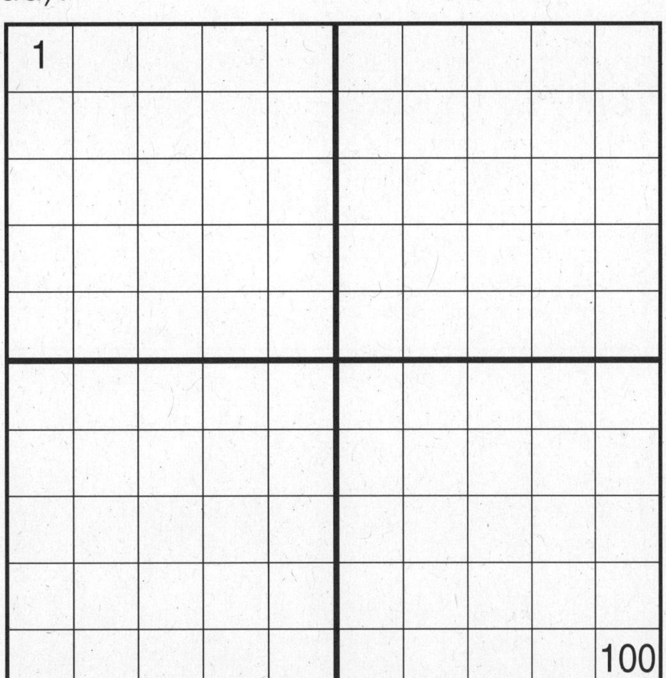

Orientieren

1. Ergänze die Zahlen 24, 7, 28 und 19 am Zahlenstrahl!
Trage den Vorgänger dieser Zahlen rot am Zahlenstrahl ein!

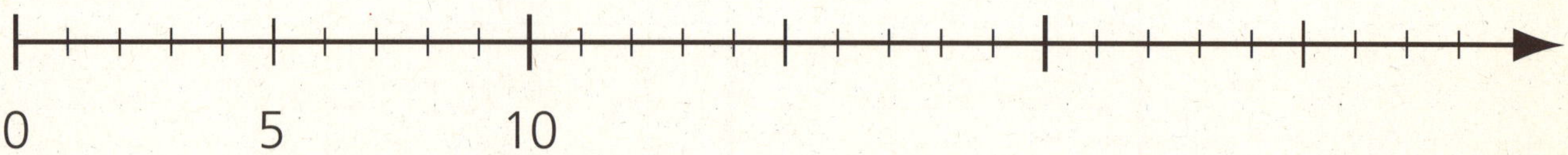

2. Welche Zahlen gehören in die Kästchen? Schreibe für diese Zahlen den Nachfolger an den Zahlenstrahl!

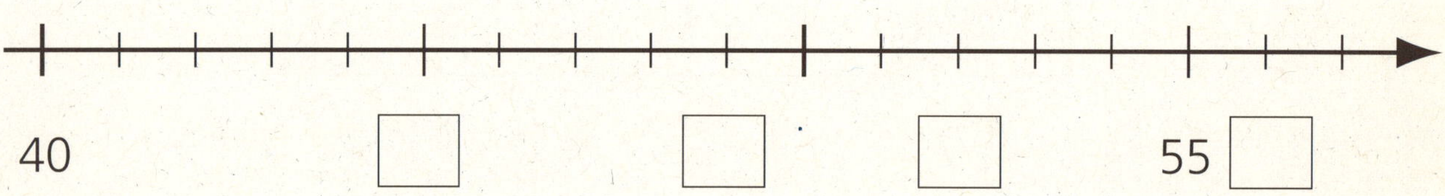

3. Ergänze folgende Zahlen am Zahlenstrahl:

– den Nachfolger von 76

– den Vorgänger von 92

– die Zahlen zwischen 80 und 86

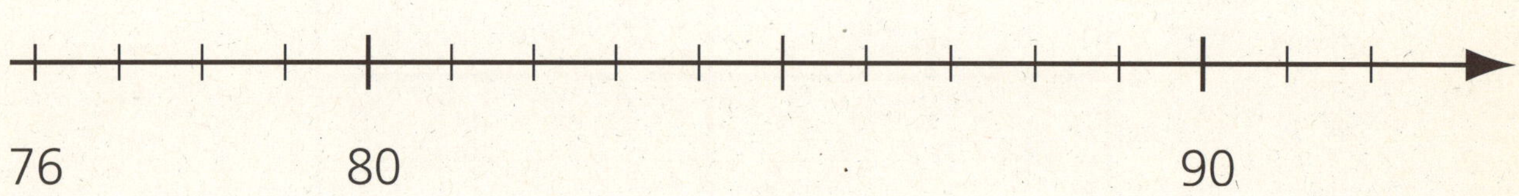

Orientieren

1. Ergänze die Zahlen in den Kästchen!
2. Trage in den Sätzen Zahlen so ein, dass die Aussage richtig ist!

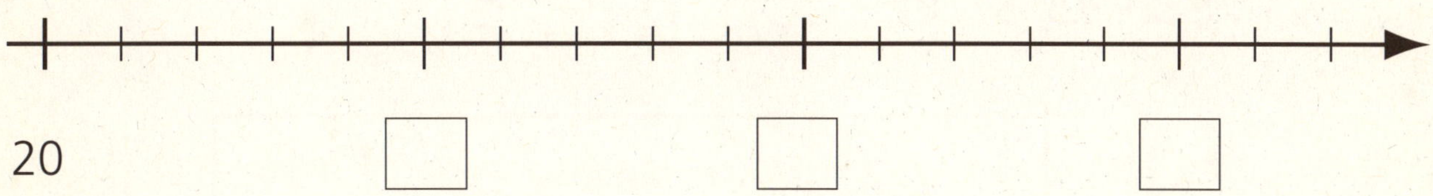

- Rechts von der 20 liegen ☐ und ☐ .
- Zwischen ☐ und ☐ liegen ☐ und ☐ .

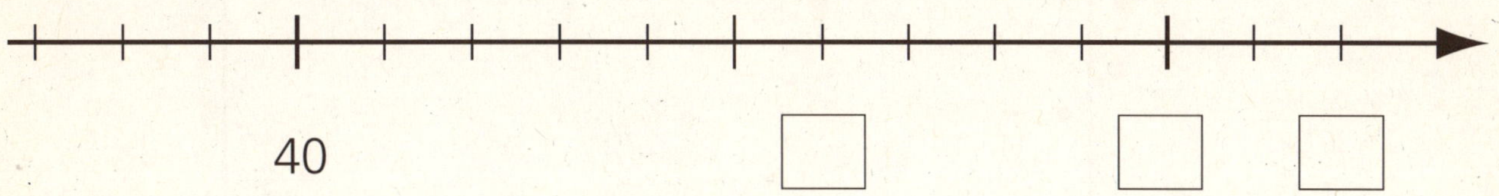

- ☐ liegt rechts von 40.
- ☐ liegt links von ☐ .

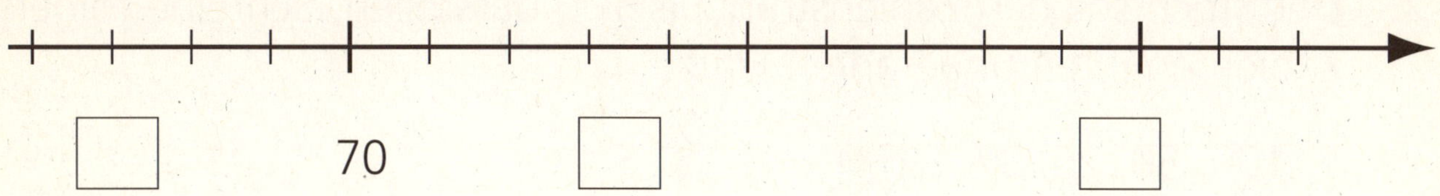

- 70 liegt zwischen ☐ und ☐ .
- ☐ liegt rechts von ☐ .

Orientieren

1. Das Quadrat soll das Hunderterquadrat darstellen. Schreibe folgende Zahlen an ihren ungefähren Platz:

   1, 100, 50, 25, 37, 82!

2. Der Strich soll den Zahlenstrahl bis 100 darstellen. Schreibe folgende Zahlen an ihren ungefähren Platz:

   1, 100, 50, 25, 37, 82!

Sortieren

Welches Kalenderblatt passt zu welchem Bild? Verbinde!
Schreibe unter jedes Bild die richtige Jahreszeit!

Sortieren

1. Sortiere die Gegenstände nach ihrer Größe!
   Beginne mit dem kleinsten!

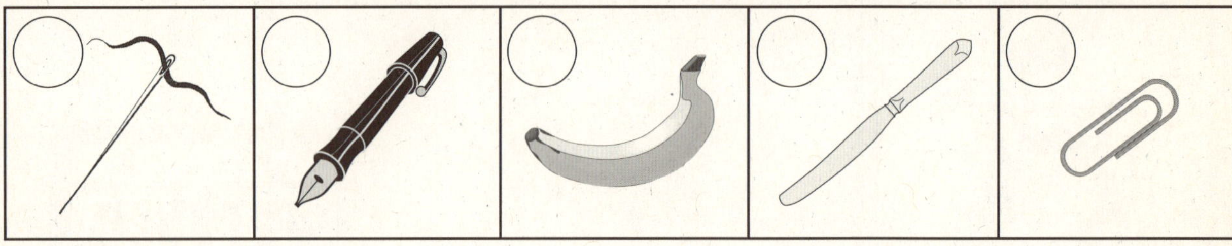

2. Was ist am höchsten? Sortiere der Reihe nach!

3. Sortiere die Ereignisse nach deinem Tagesablauf!
   Was machst du zuerst?

4. Was dauert am längsten? Sortiere der Reihe nach!

◯ Fußballspiel ansehen	◯ Mittag essen	◯ eine Unterrichts-stunde	◯ Kinofilm ansehen	◯ Schlafen

Sortieren

Schneide die Karten aus! Sortiere die Karten nach der Länge der dargestellten Strecken! Beginne mit der längsten Strecke!

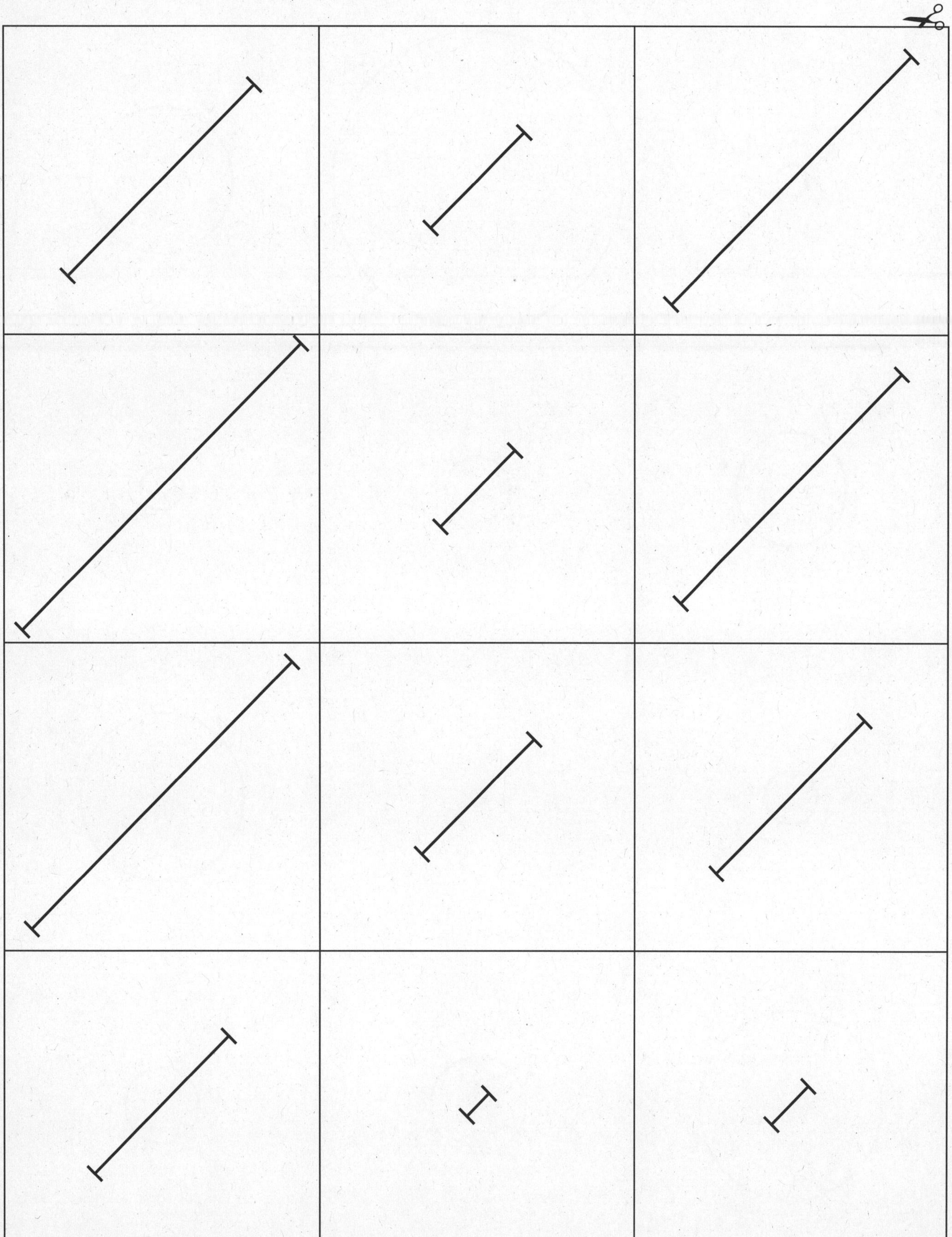

Sortieren

Schneide die Karten aus! Sortiere die Karten nach der Größe der Kreise!
Beginne mit dem kleinsten Kreis!

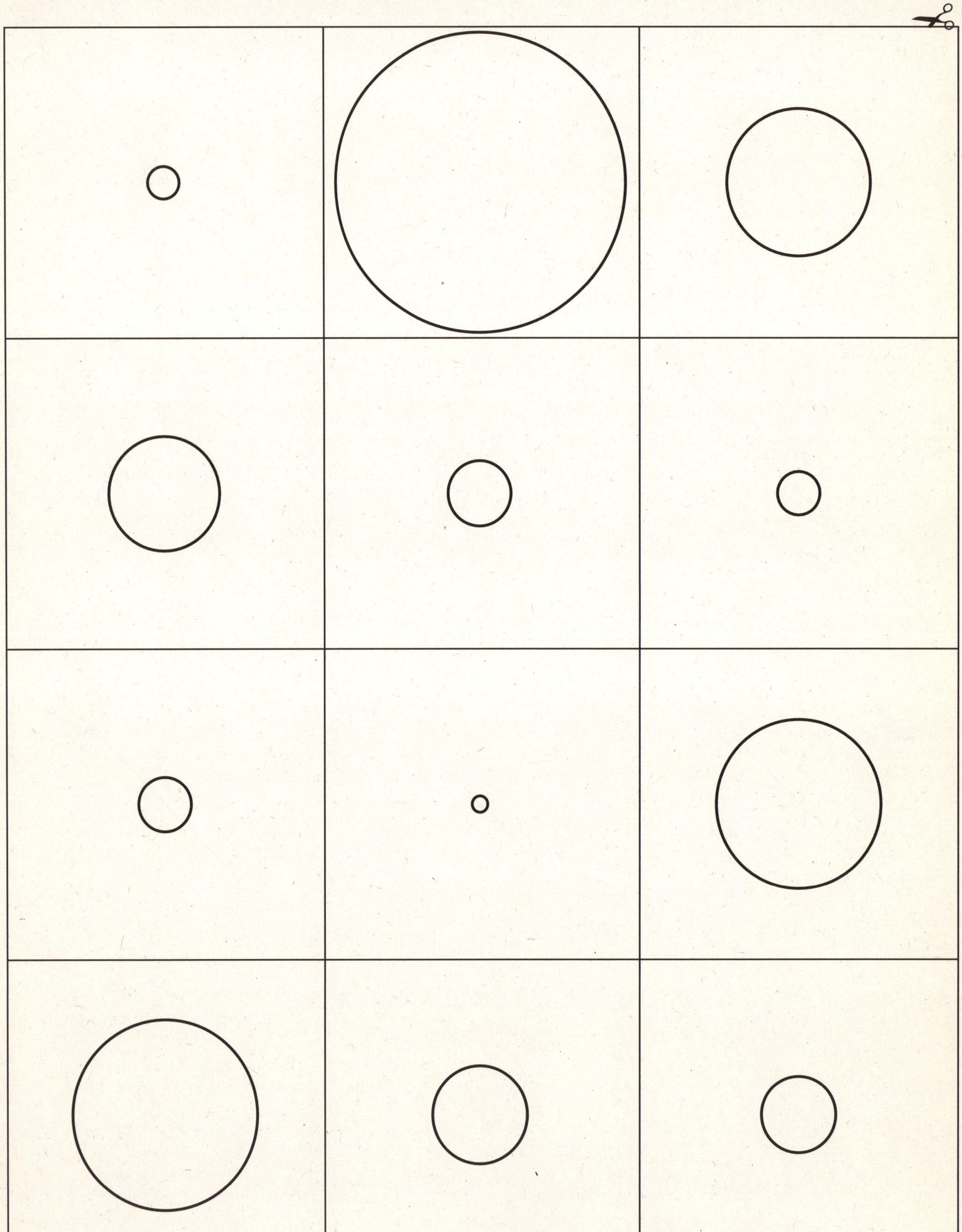

Zusammenhänge erkennen

In jeder Reihe passt ein Bild nicht zu den anderen.
Kreuze es an und begründe!

	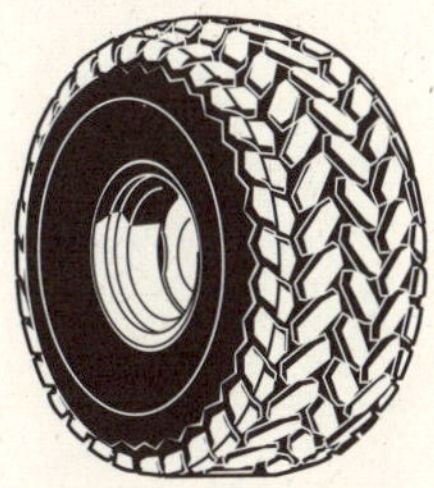		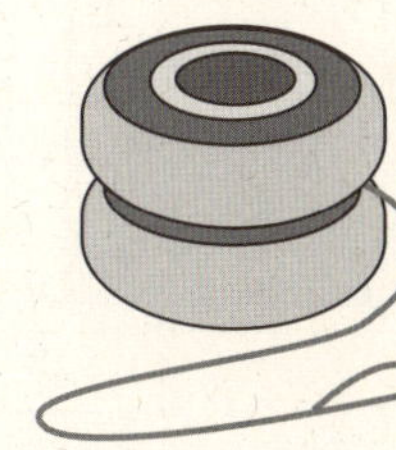
	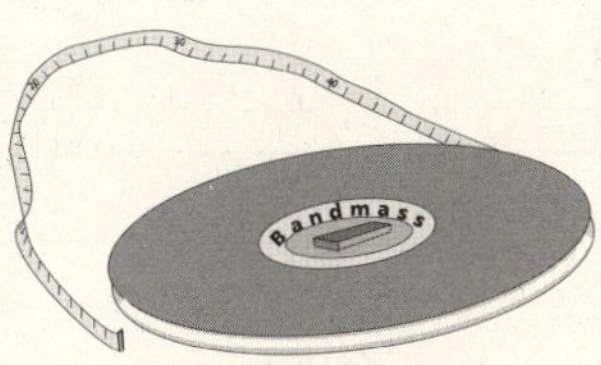		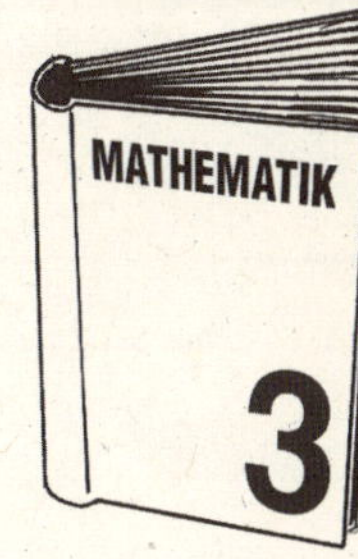

8	3	12	20
	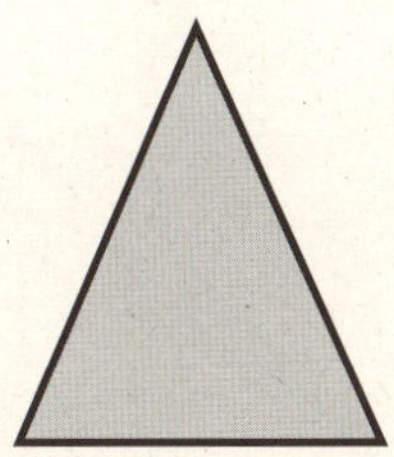	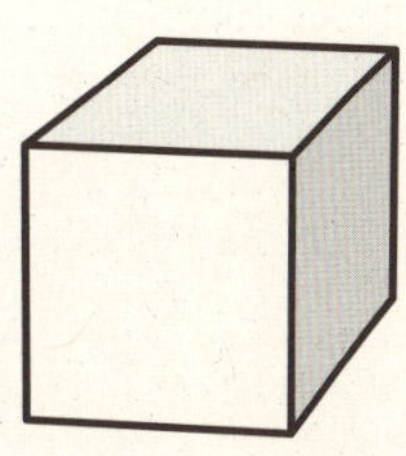	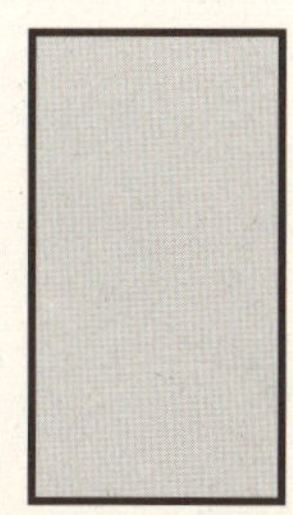

Zusammenhänge erkennen

Welches der 4 rechten Bilder passt zu den 3 Bildern auf der linken Seite? Begründe!

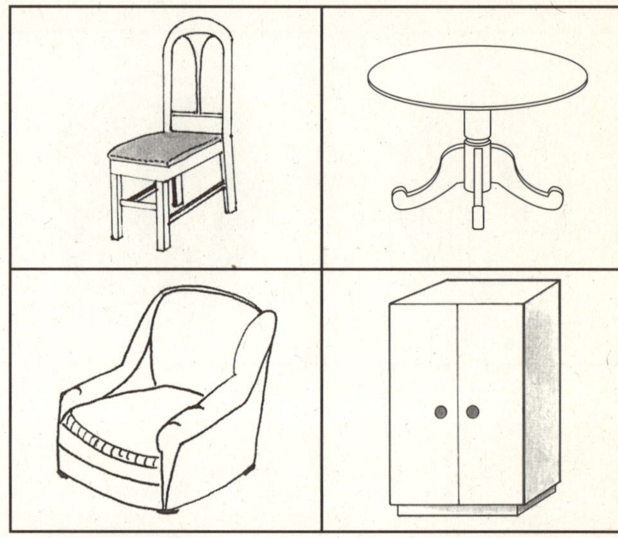

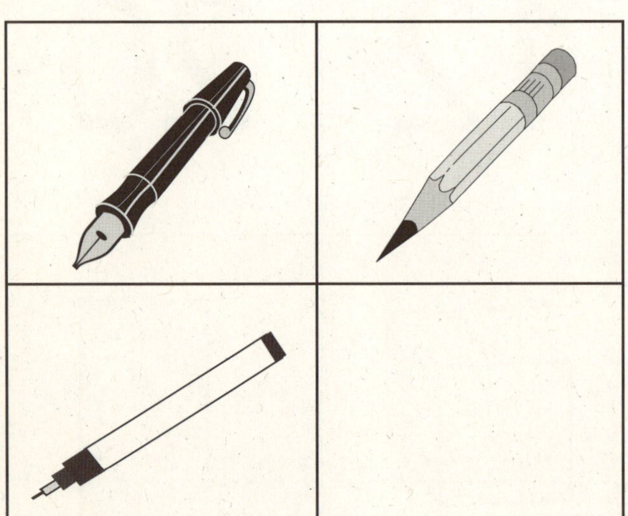
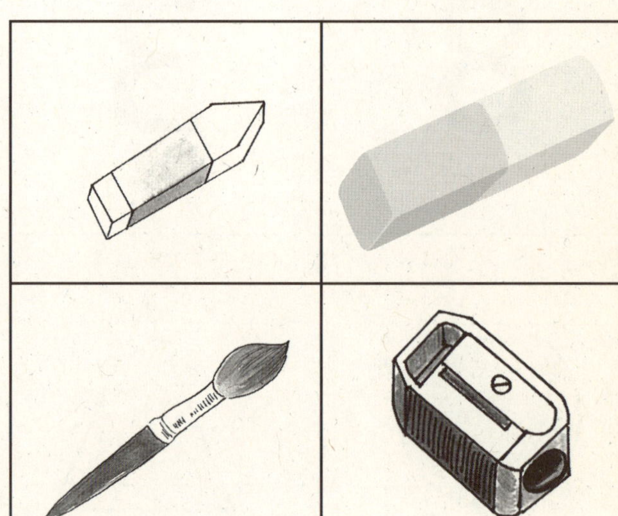

Zusammenhänge erkennen

Fülle die leeren Kästchen richtig aus!

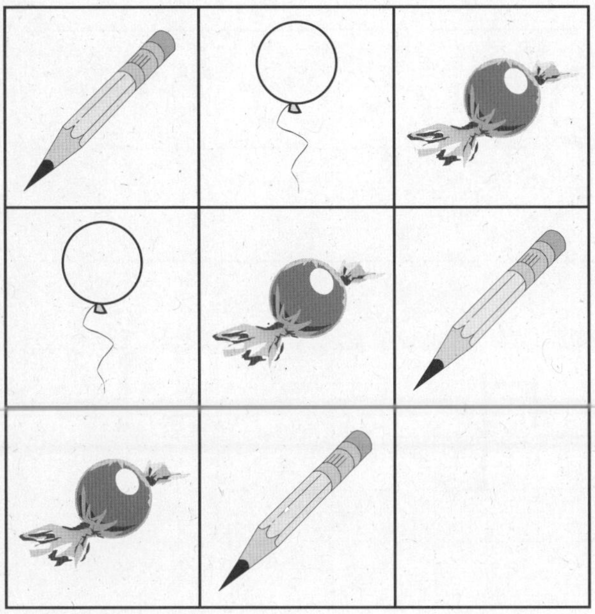

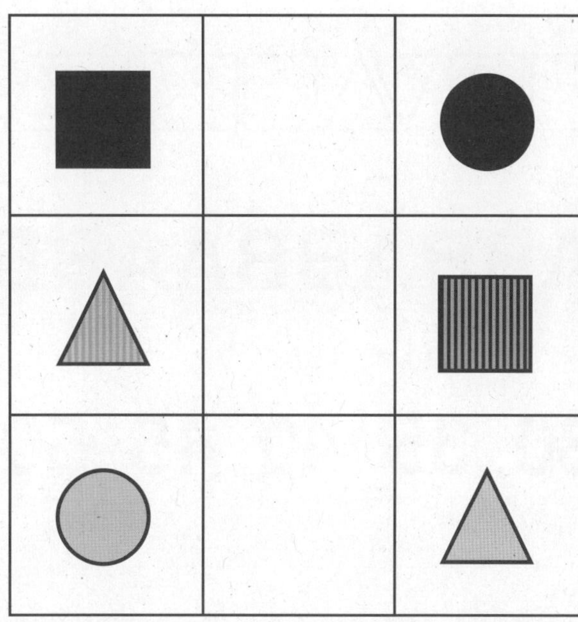

Zusammenhänge erkennen

1. Ergänze die Reihen!

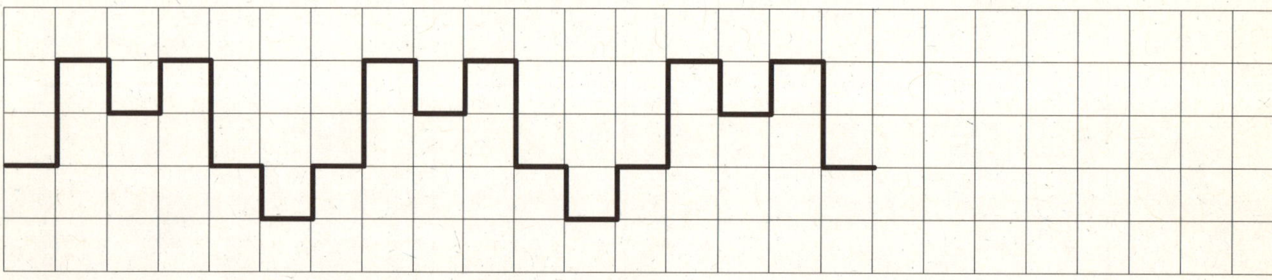

5 7 9 11 13 15 ____________________

2. Finde den Fehler in den Reihen!

ABBABBAABBABBABBABBA

30 35 40 45 50 54 60 65 70 75

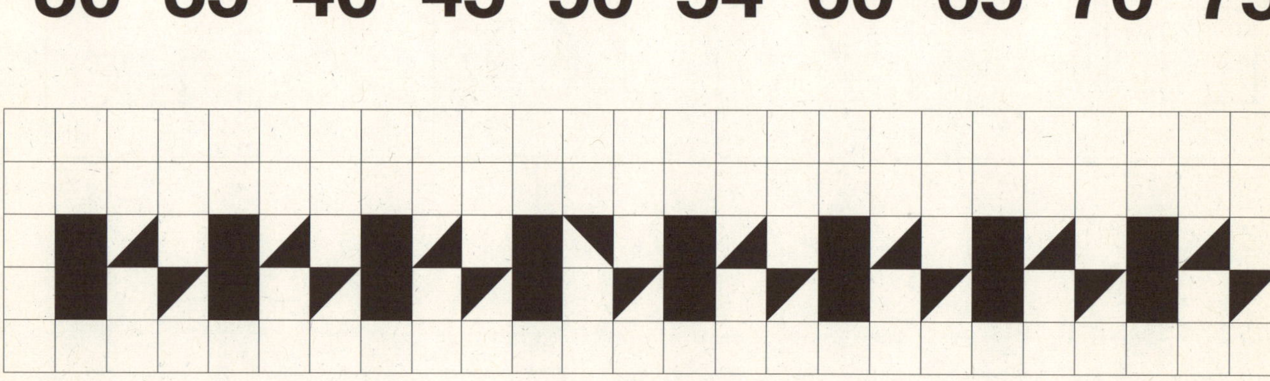

Zahlen vorstellen

1. Welche Zahlen sind im Bild dargestellt? Schreibe sie daneben!

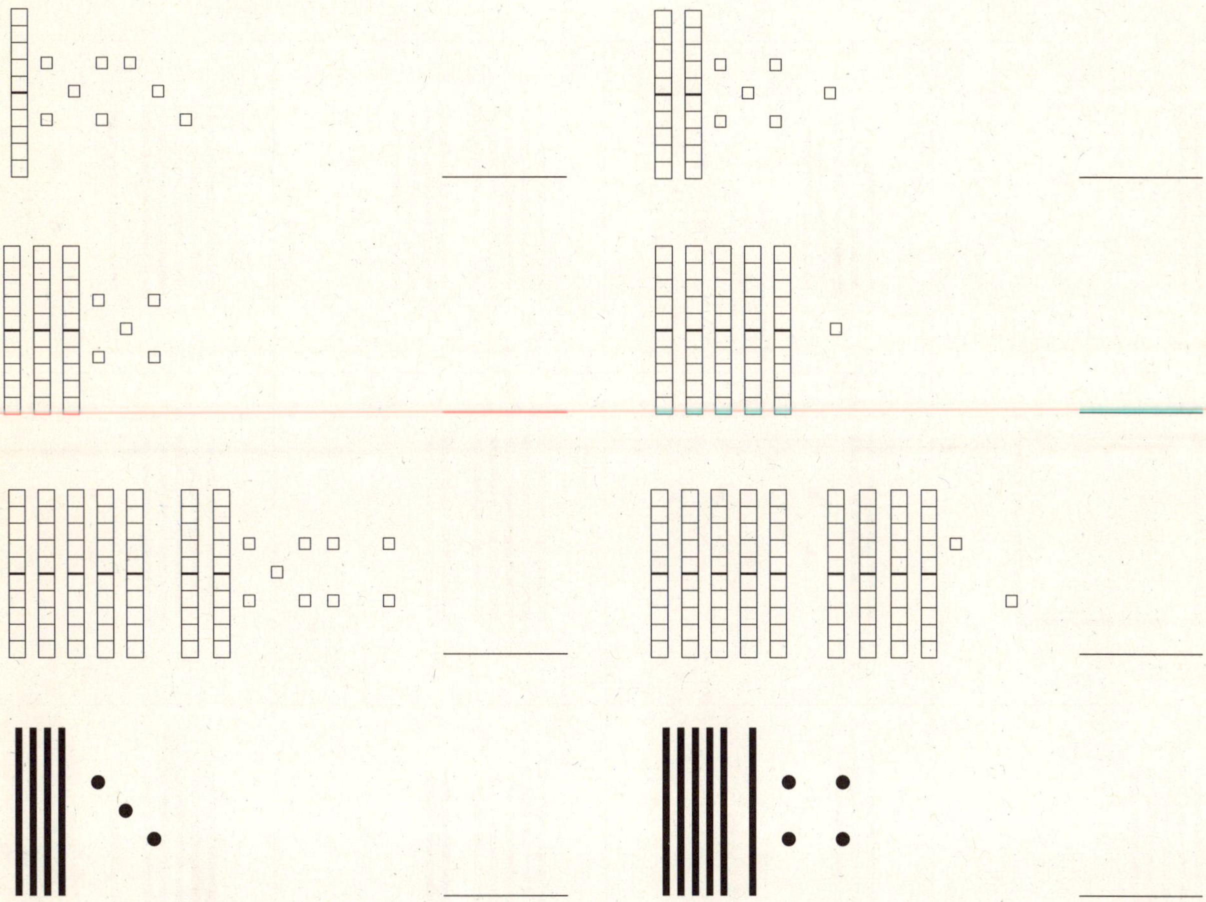

2. Stelle die Zahlen als Bilder dar!

15	44
37	73
82	21
99	68

Zahlen vorstellen

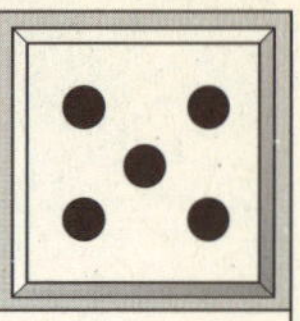

Schneide die Karten aus!
Ordne die Karten! Beginne mit der kleinsten dargestellten Zahl!
Ordne Zahlenkarten richtig zu! Spiele Memory!

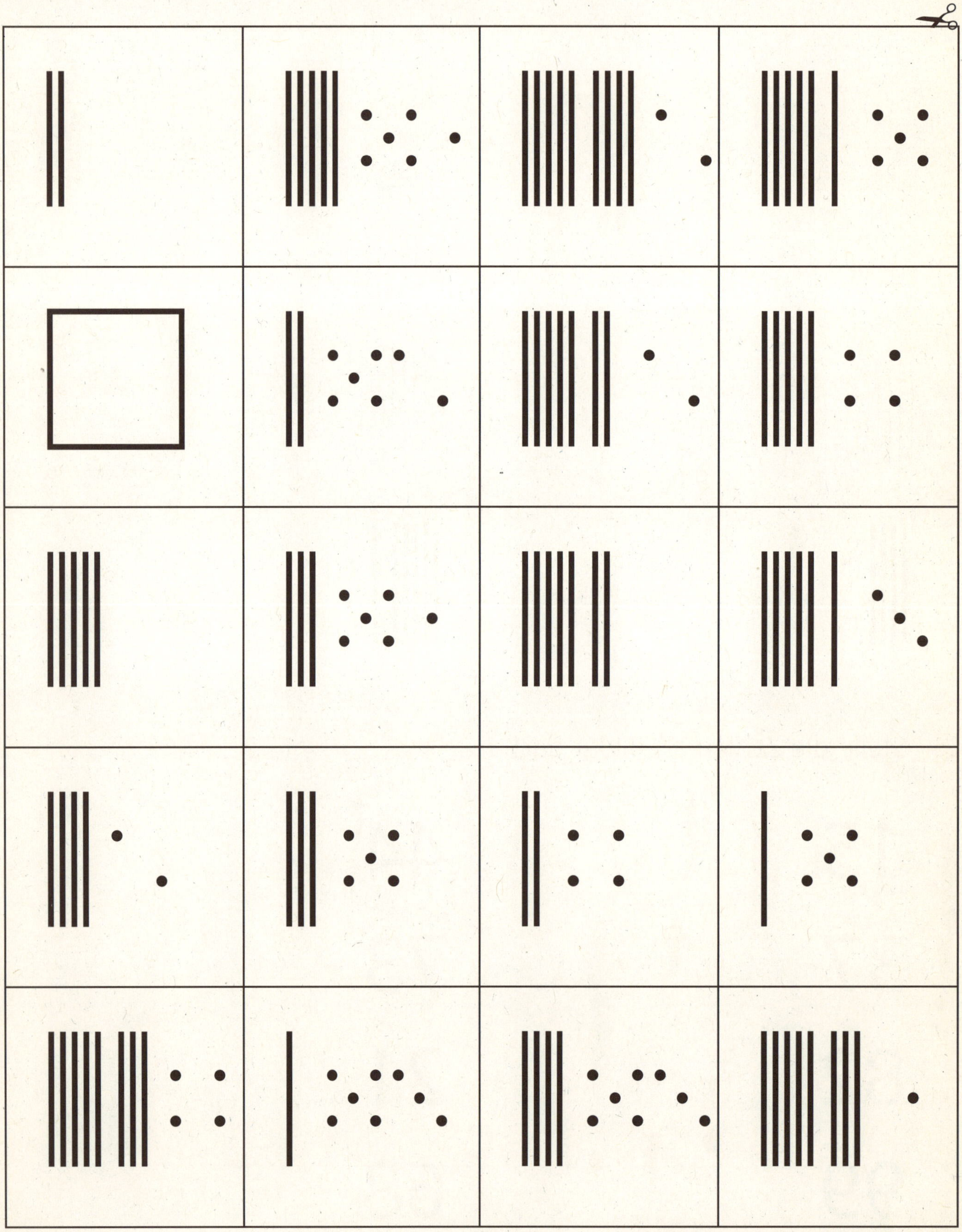

Zahlen vorstellen

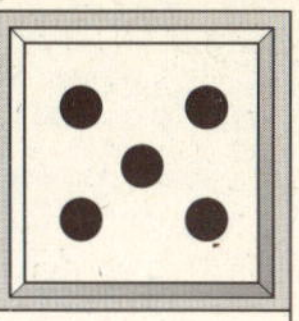

Schneide die Karten aus!
Ordne die Karten! Beginne mit der kleinsten Zahl!
Ordne Bildkarten richtig zu! Spiele Memory!

20	56	92	65
100	27	72	54
50	36	70	63
42	35	24	15
84	18	48	81

Zahlen vorstellen

Schreibe zu den Zahlenbildern die Zahlen in das leere Feld.
Suche zu jeder Zahl auf der linken Seite ihr Doppeltes auf der rechten Seite und verbinde!

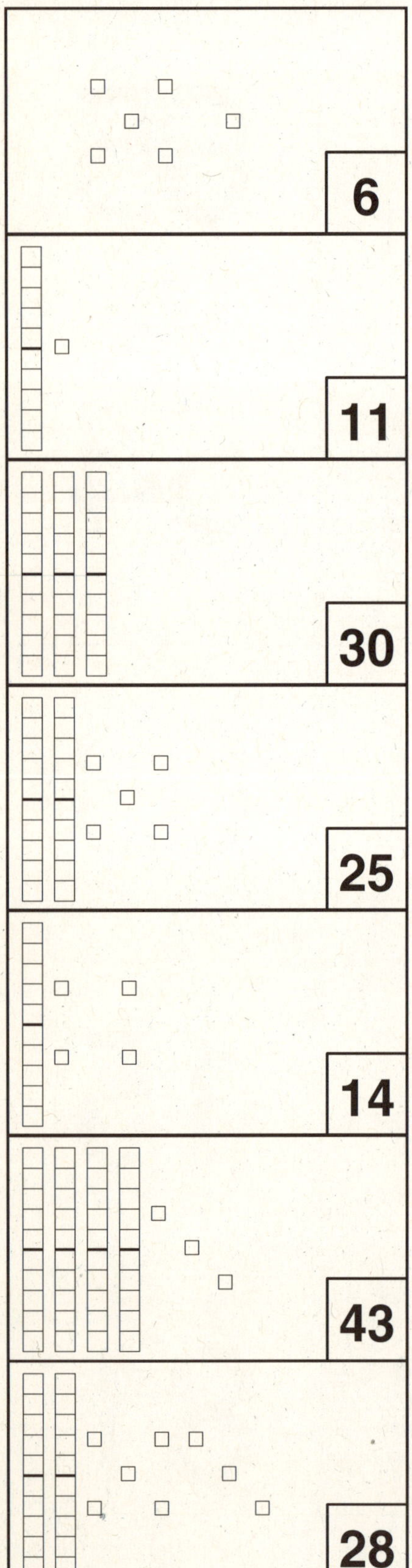

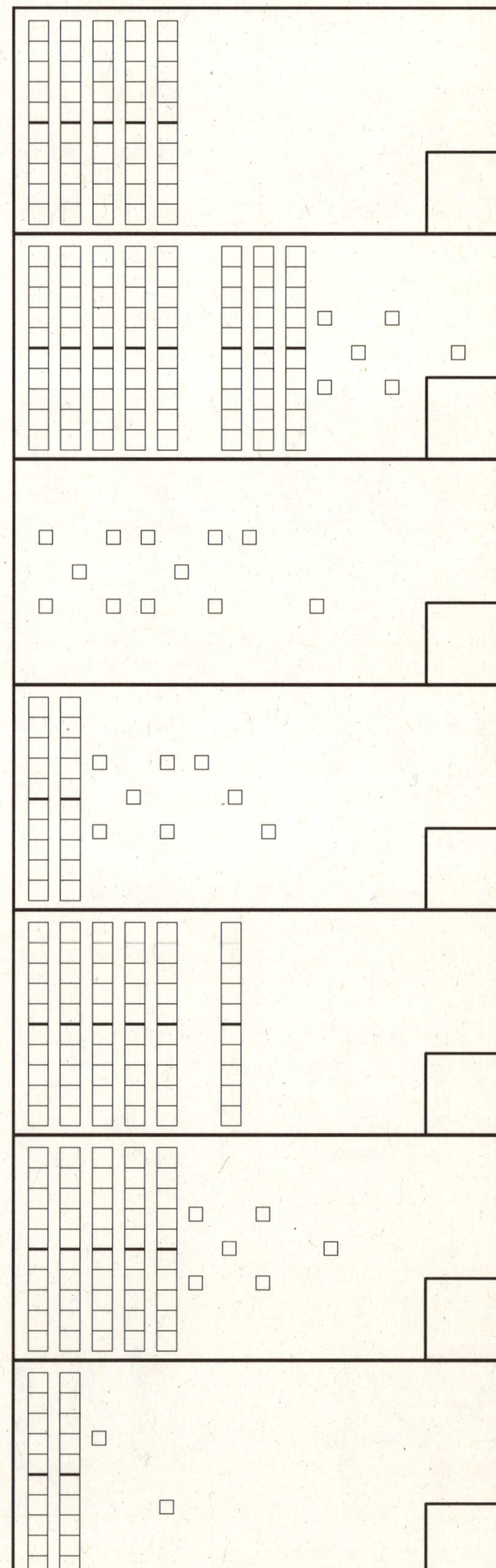

Zahlen vorstellen

1. Welche Zahl ist dargestellt?
   Male das Zahlenbild für die Hälfte dieser Zahl!

	Zahl	Zahlenbild für die Hälfte

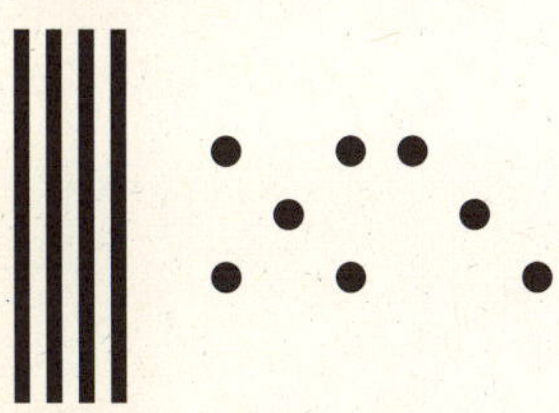		
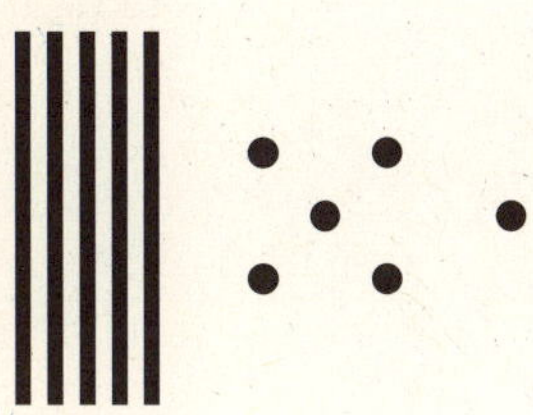		

2. Ergänze die Sätze!

   31 ist die Hälfte von ______________________ .

   Das Doppelte von 15 ist ______________________ .

   ______________________ ist das Doppelte von 12.

   24 ist ______________________ von 48.

Figuren vorstellen

Ordne Bild und Ansicht von oben richtig zu!

Bild	Ansicht von oben
	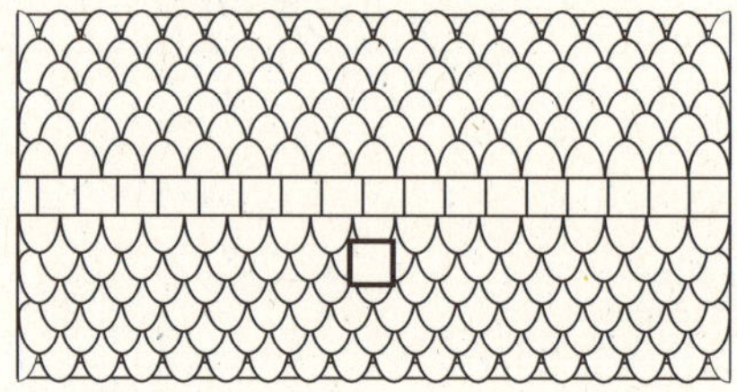
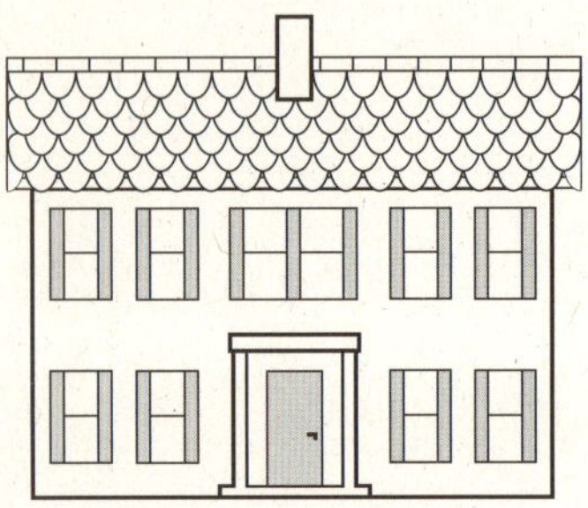	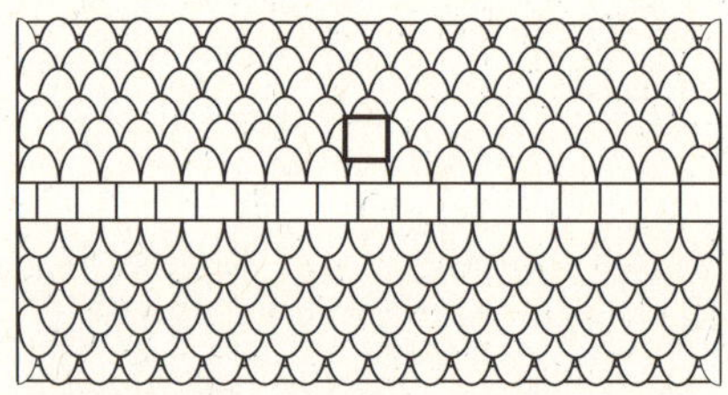
	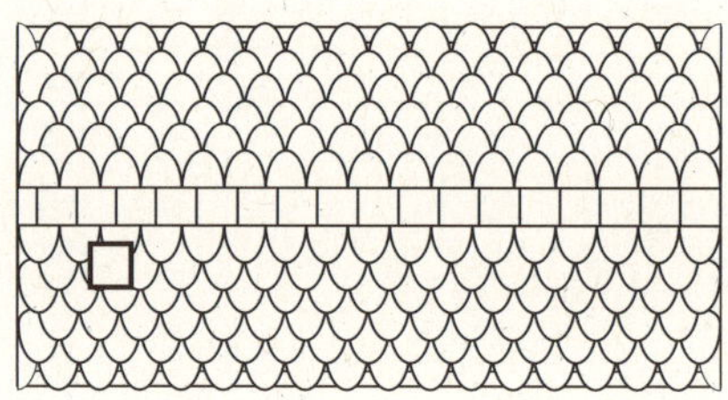
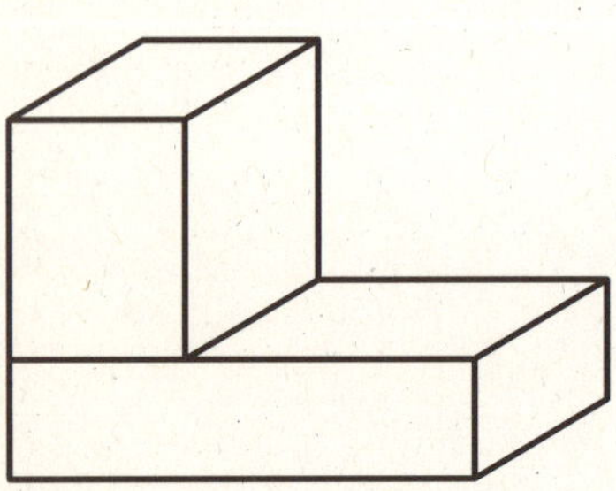	
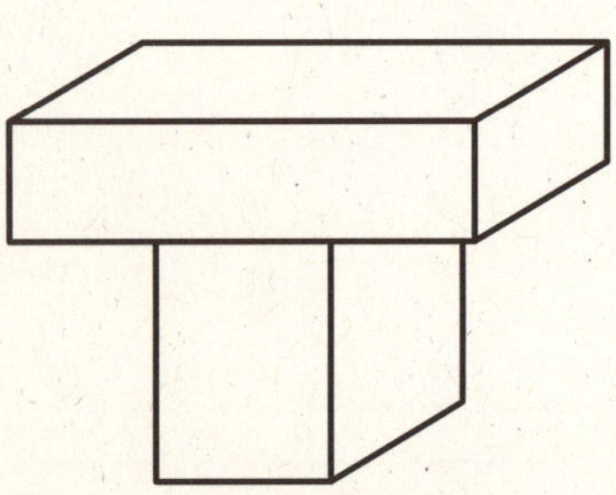	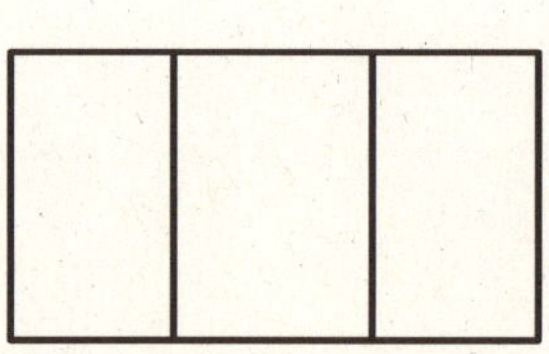
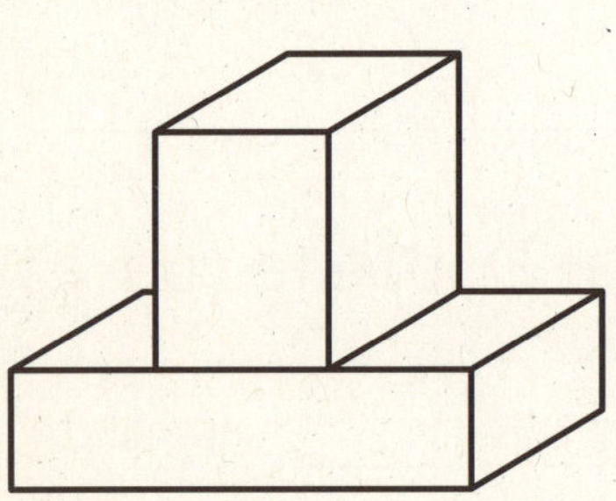	

Figuren vorstellen

1. Welche Körperformen kannst du entdecken?

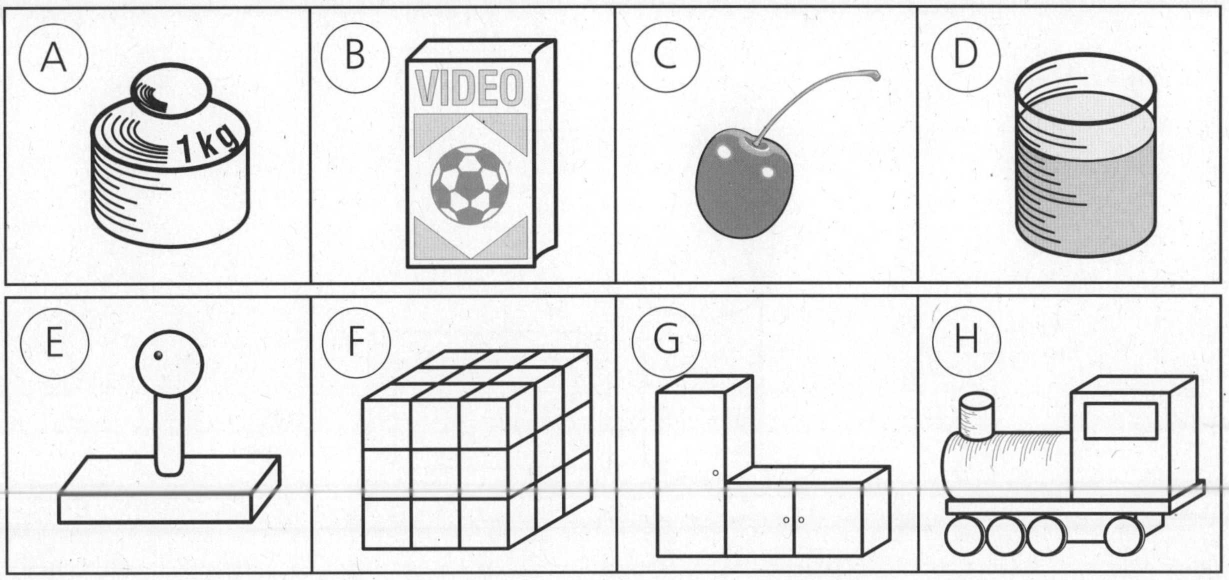

A ____________________ E ____________________

B ____________________ F ____________________

C ____________________ G ____________________

D ____________________ H ____________________

2. Hier wurden die gleichen Gegenstände von oben betrachtet. Trage die richtigen Buchstaben ein!

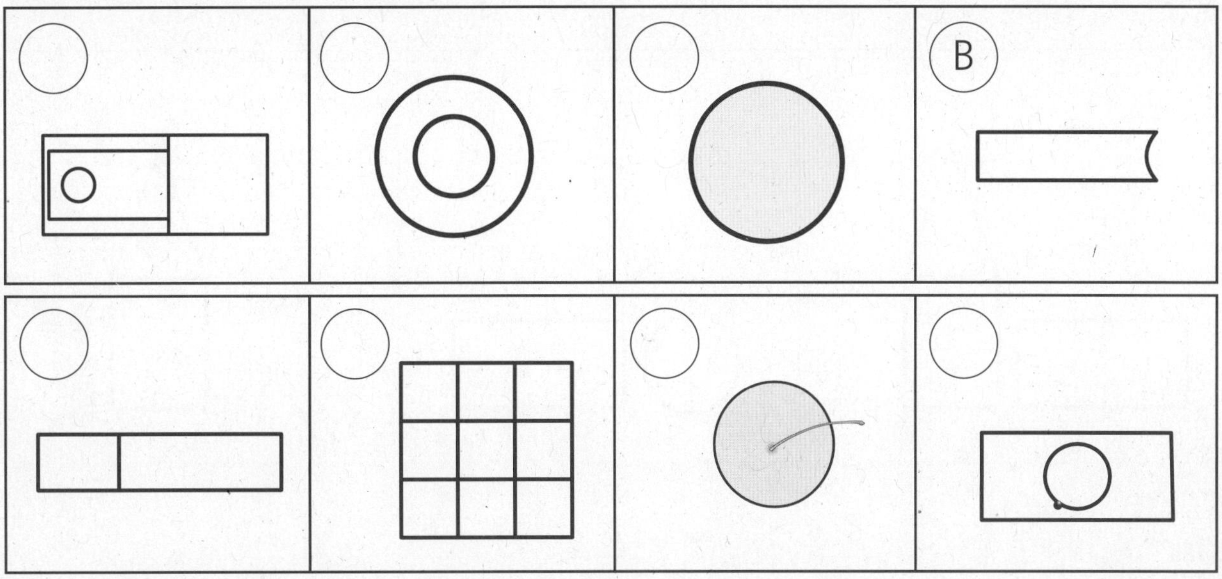

Figuren vorstellen

Pit hat mit Bausteinen gebaut und Ansichten gezeichnet. Schreibe auf, aus welcher Richtung er das Bauwerk jeweils angesehen hat!

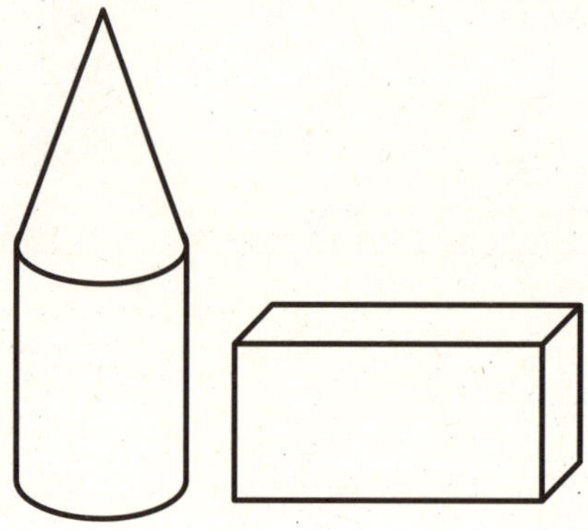

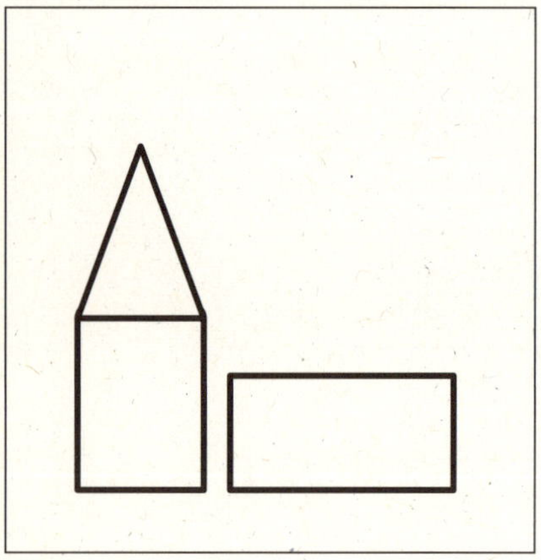

von ______________

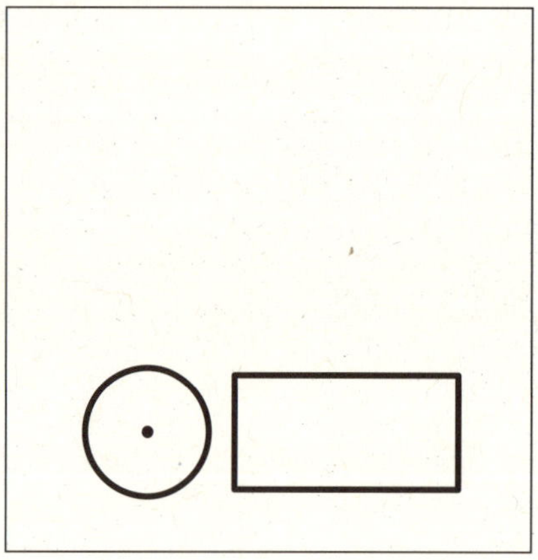

von ______________

von ______________

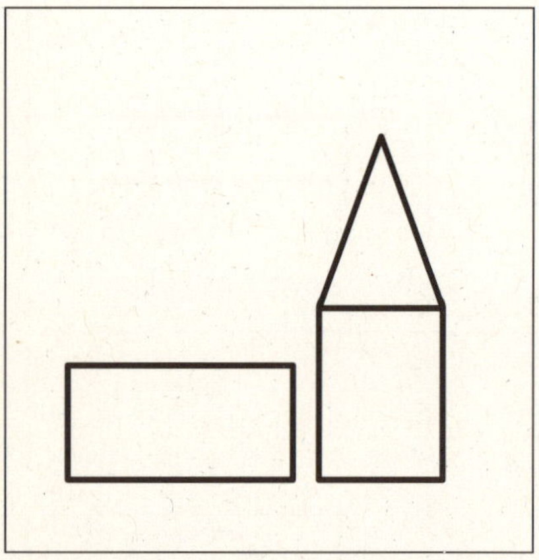

von ______________

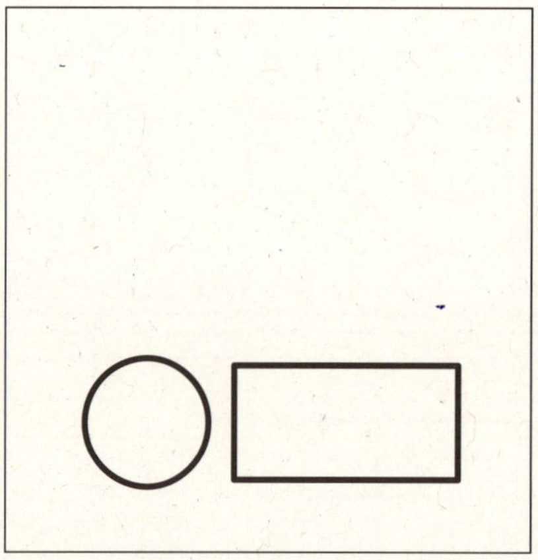

von ______________

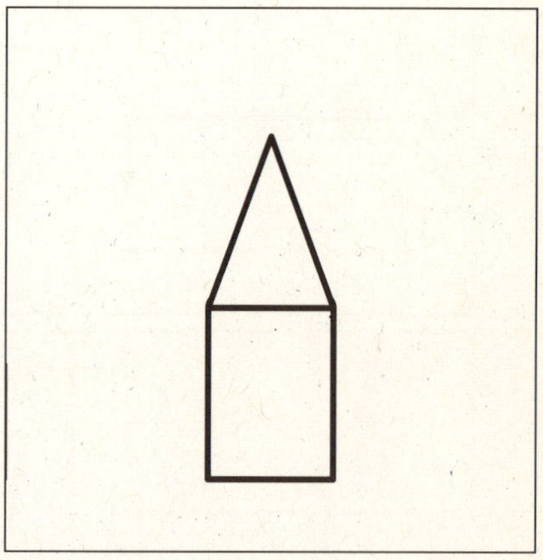

von ______________

Figuren vorstellen

Male immer die Hälfte farbig aus!

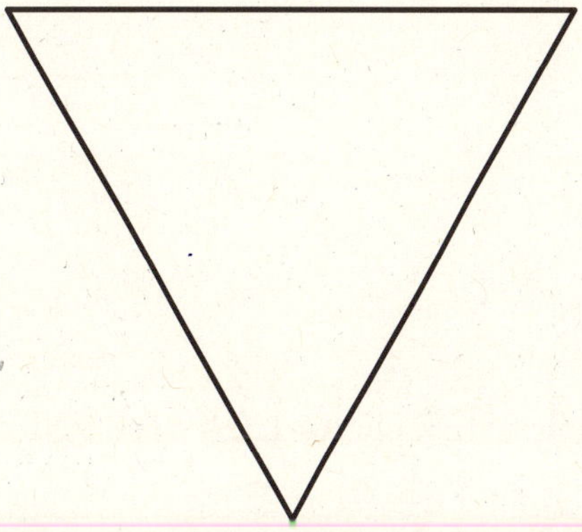

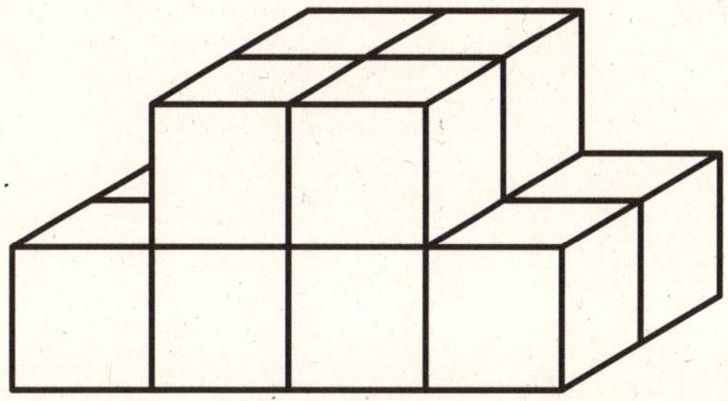

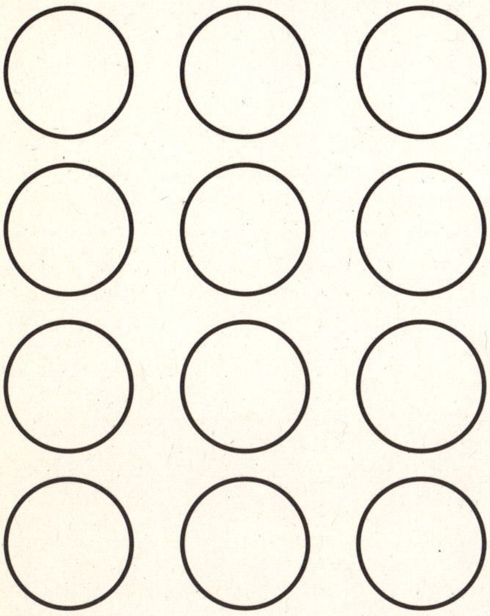

Größen vorstellen

1. Welche Münzen gibt es in unserer Währung?
   Zeichne sie auf!

2. Wie viel Taschengeld bekommst du?
   Schreibe und zeichne es auf!

3. Schreibe oder zeichne auf, wie viel die Dinge etwa kosten!

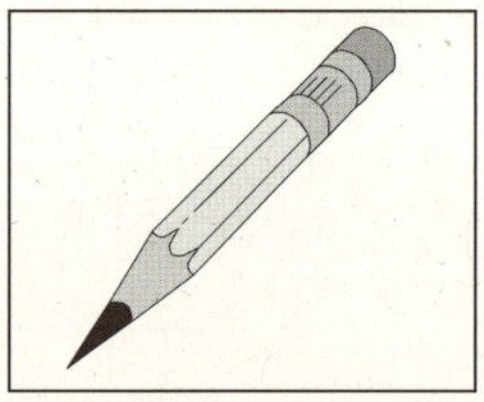
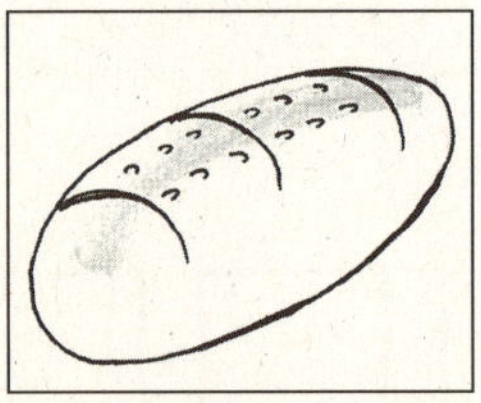

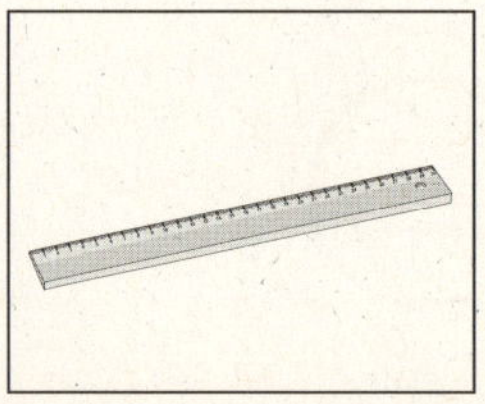

Größen vorstellen

Immer 3 Kärtchen passen zusammen!

30 cm	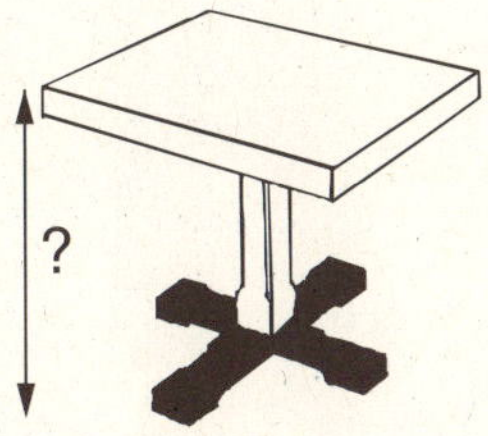	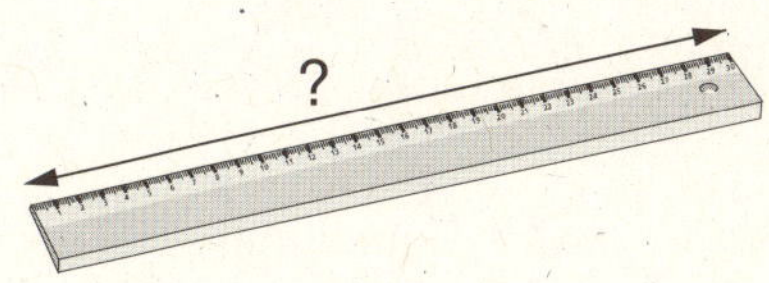
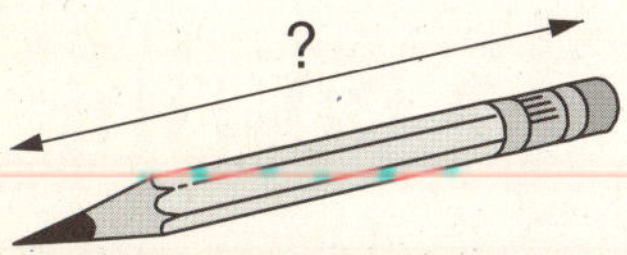	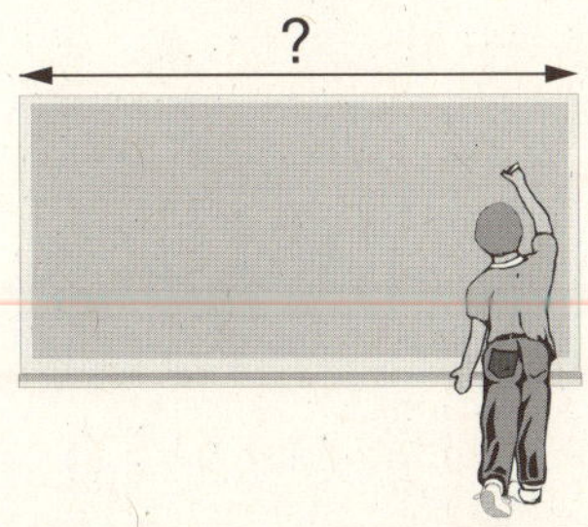	**2 m**
	**60 cm**	
15 cm	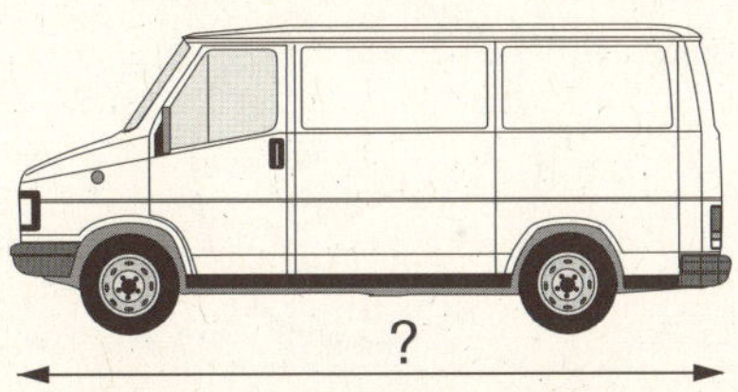	**8 m**
	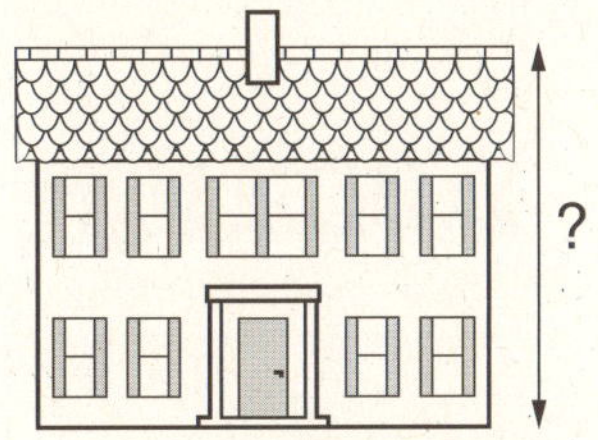	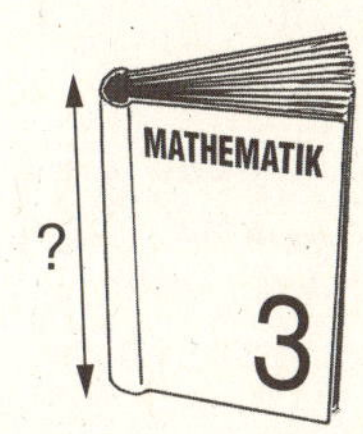
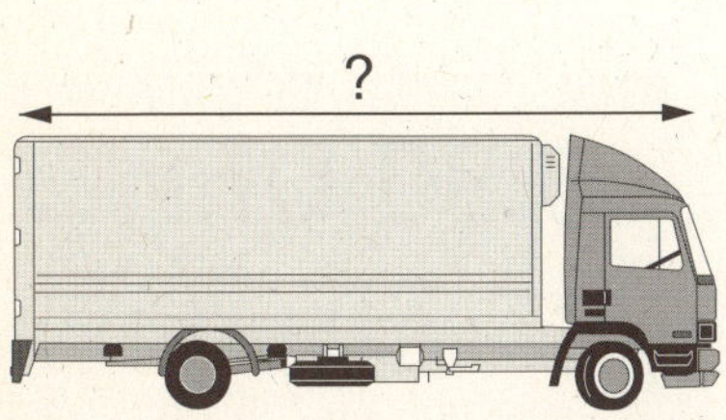	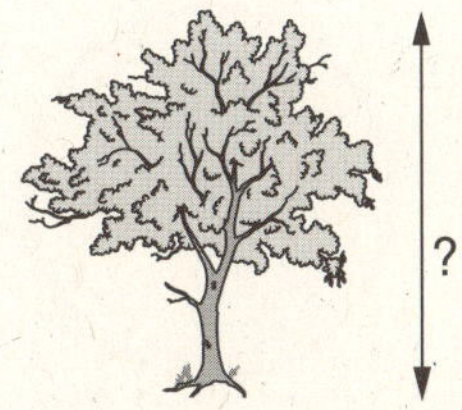	**5 m**

Größen vorstellen

Immer 3 Kärtchen passen zusammen. Ordne zu und begründe!

		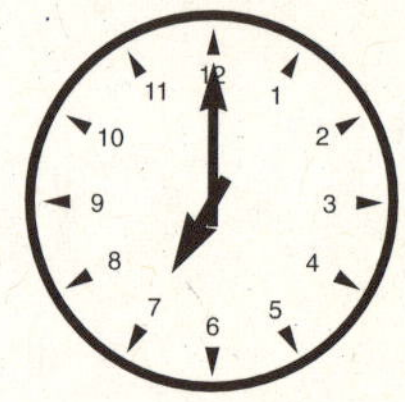
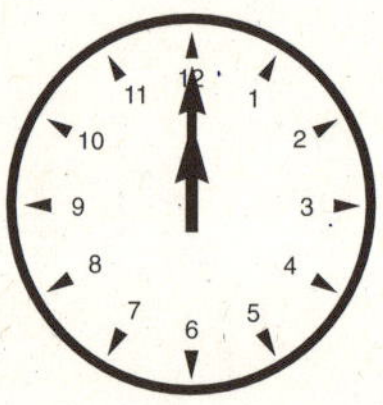	**Frühstück**	**12.00 Uhr**
	**Hausaufgaben machen**	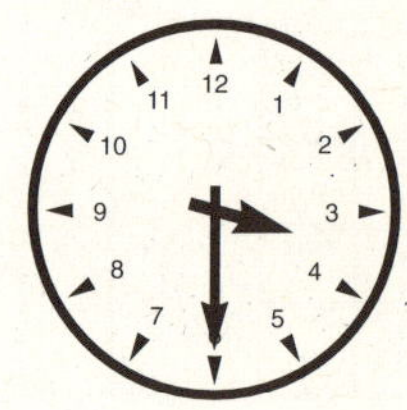
Mittag essen		**19.00 Uhr**
15.30 Uhr	**7.00 Uhr**	**8.00 Uhr**
	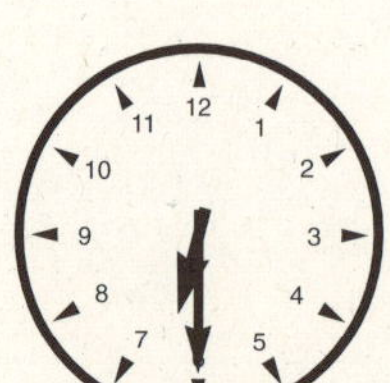	**6.30 Uhr**

Größen vorstellen

Wähle dir einen Wochentag aus! Schreibe auf, wann du die Tätigkeiten etwa erledigst! Zeichne die Zeiger passend in die Uhren ein!

Wochentag: ____________________

Tätigkeit	Uhrzeit

- Aufstehen ______ Uhr

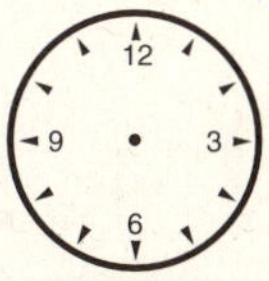

- Frühstücken ______ Uhr

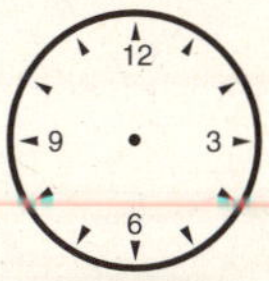

- Zur Schule gehen ______ Uhr

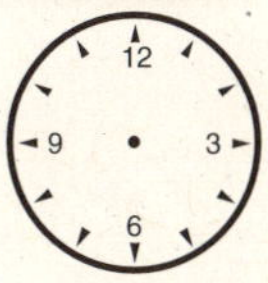

- Mittag essen ______ Uhr

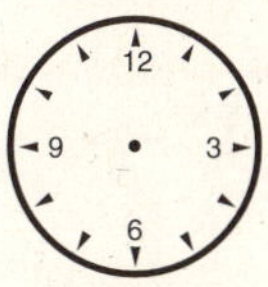

- Nach Hause gehen ______ Uhr

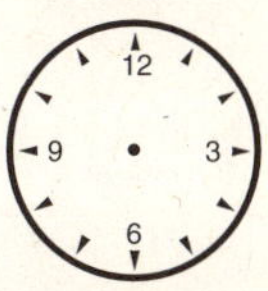

- Hausaufgaben machen ______ Uhr

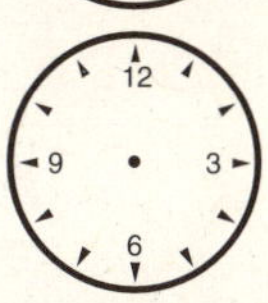

- Spielen ______ Uhr

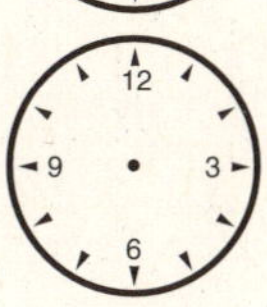

- Fernsehen ______ Uhr

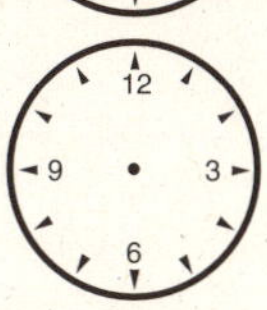

- Abendbrot essen ______ Uhr

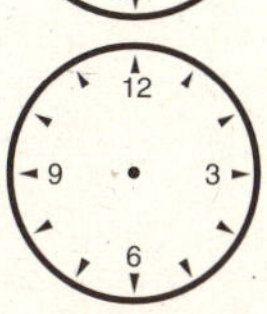

- Waschen / Zähne putzen ______ Uhr

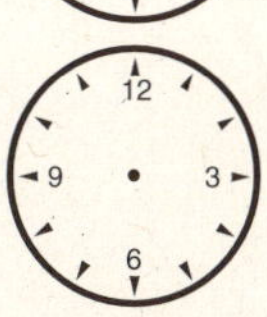

- Schlafen gehen ______ Uhr

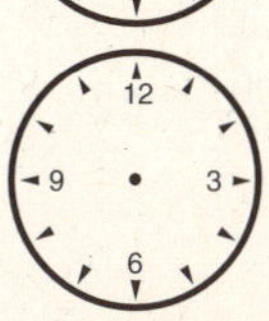

Rechnen

1+1

Löse die Aufgaben!
Erkläre, zeichne oder schreibe auf, wie du gerechnet hast!

Aufgabe:	Lösungsweg:
30 + 5 = ☐	
47 – 7 = ☐	
40 + 20 = ☐	
80 – 50 = ☐	
29 + 5 = ☐	
52 – 7 = ☐	
37 + 25 = ☐	
73 – 46 = ☐	

Rechnen

1+1

Ergänze jeweils das Fehlende!

1.

___ + ___ = **25**

2.

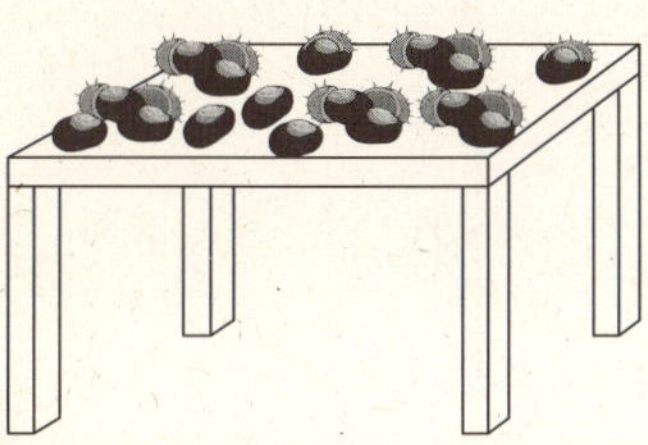

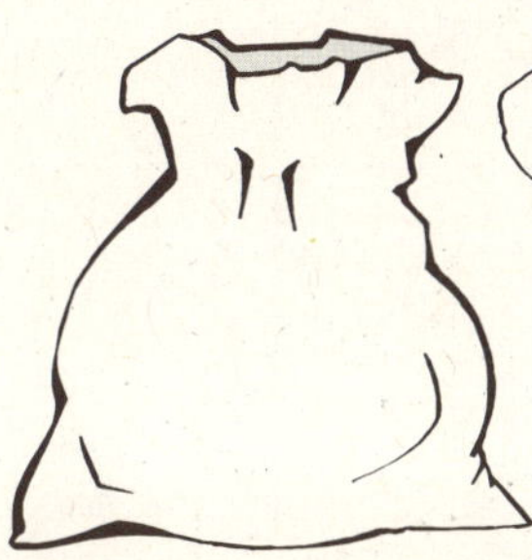

___ + ___ = **24**

3.

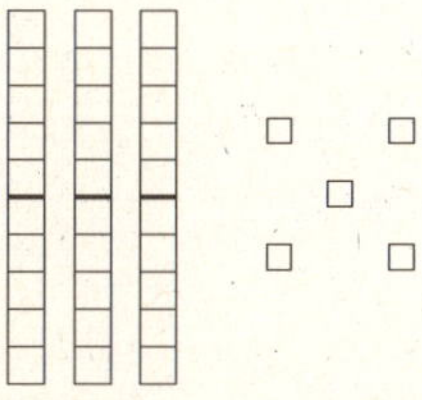

___ + ___ = **50**

Rechnen

1+1

Ordne die Bilder den passenden Aufgaben zu!
Begründe!

		**3 • 5**	**2 • 6**
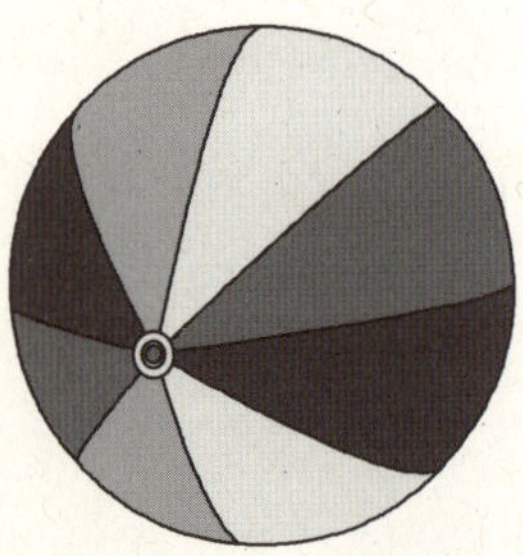	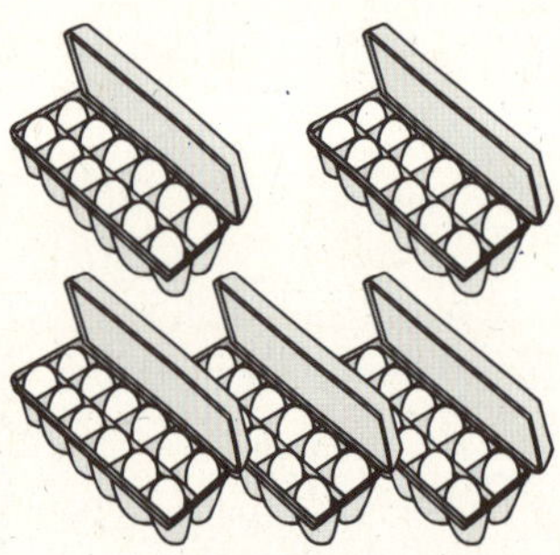	**1 • 4**	**3 • 3**
		**6 • 4**	**10 • 5**
	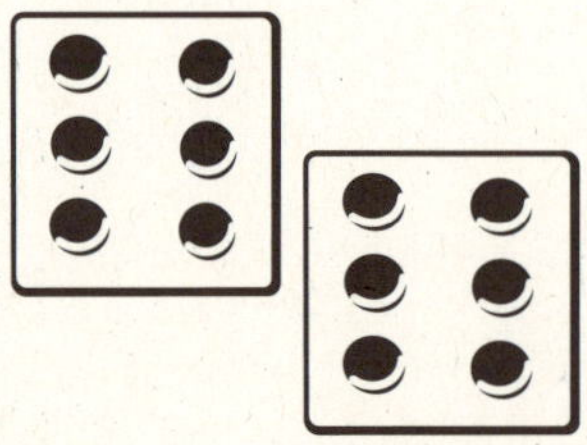	**5 • 10**	**1 • 1**
	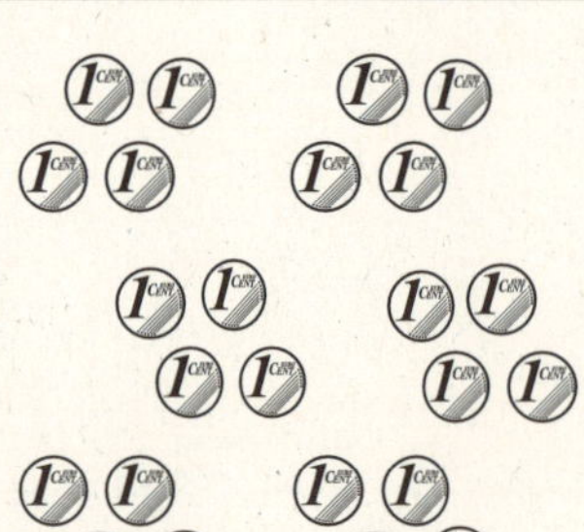	**2 • 3**	**2 • 5**

Rechnen

1+1

Ordne die Bilder den passenden Aufgaben zu!
Begründe!

	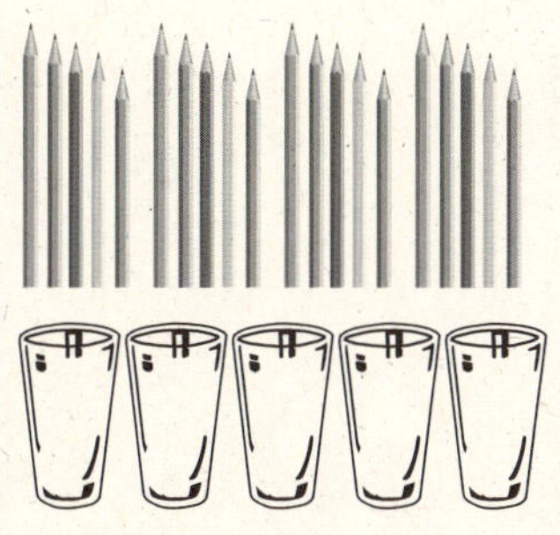	**8 : 2**	**9 : 3**
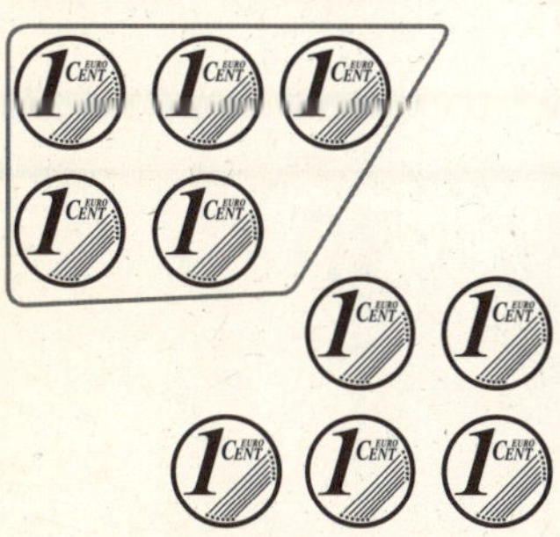		**10 : 5**	**10 : 2**
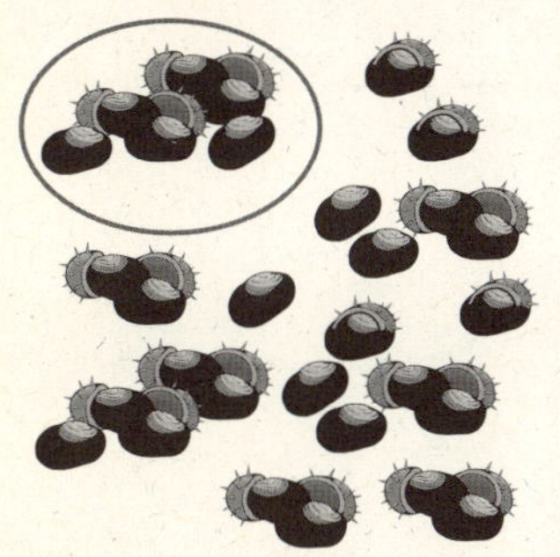	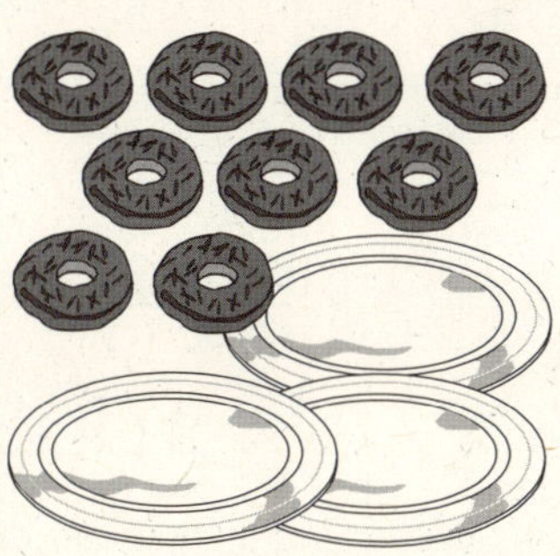	**30 : 6**	**8 : 8**
		**12 : 4**	**12 : 3**
		**28 : 7**	**20 : 5**

Rechnen

1+1

1. Suche alle Zahlen heraus, die zur Dreierreihe gehören!
Schreibe sie geordnet auf!

2 14 9 34 25 41

7 18 27 24 51 6

21

3

40 12 29 15 11 30

2. Suche alle Zahlen heraus, die zur Viererreihe gehören!
Schreibe sie geordnet auf!

4 42 21 16 61 28

7 40 9 8 82 20 38

34

12 24 36 30 26 32

Hinweise

Zum Aufbau der Arbeitsblätter

Schwerpunkt des Mathematikunterrichts der Klasse 3 ist die Erweiterung des Zahlenraumes sowie das Kennenlernen und Anwenden effektiver Rechenstrategien bis 1000 (mündliches Rechnen, halbschriftliches Rechnen und schriftliche Rechenverfahren). Die Kinder entwickeln ihre Zahlenvorstellungen weiter und bauen ihre Erfahrungen im Sachrechnen, in der Geometrie und zu ausgewählten Größen aus. Dabei soll ihnen die Bedeutung der Mathematik für das eigene Leben bewusst werden. Um sich die Inhalte des Mathematikunterrichts anzueignen benötigen die Kinder gut entwickelte Fähigkeiten wie Vorstellungsfähigkeit, Abstraktionsfähigkeit und Orientierungsfähigkeit und sichere Grundlagen aus den Klassen 1 und 2. Die Arbeitsblätter dienen – je nach Einsatz – zum Erkennen des Entwicklungsstandes der Fähigkeiten und der vorhandenen mathematischen Grundlagen oder zum Fördern der weiteren Entwicklung.
Zu jeder Fähigkeit sind unterschiedliche Schwerpunkte mit außermathematischen und mathematischen Inhalten ausgewählt:

Entwicklung der Vorstellungsfähigkeit
- Schätzen und Zählen
- Bauen
- Zahlen vorstellen
- Figuren vorstellen
- Größenvorstellen
- Rechnen

Entwicklung der Abstraktionsfähigkeit
- Vergleichen
- Sortieren
- Zusammenhänge erkennen

Entwicklung der Orientierungsfähigkeit
- Orientieren durch Unterscheiden von Lagebeziehungen wie rechts, links, oben, unten, vorn, hinten, vor, nach, in, auf, zwischen ... und ...
- Orientieren im Zahlenraum

Alle Arbeitsblätter dienen darüber hinaus zur Entwicklung der Wahrnehmung der Kinder. Wahrnehmung ist abhängig von Erfahrung und Wissen. „Wer mehr weiß, nimmt mehr wahr." Um die Aufgaben auf den Arbeitsblättern richtig zu erfüllen, ist eine genaue Wahrnehmung unerlässlich. Deshalb enthalten die Diagnose-Förder-Materialien keine gesonderten Arbeitsblätter mit der Überschrift „Wahrnehmung".

Hinweise auf Schwierigkeiten einzelner Kinder erhält man durch die **Aufgabenlösung** (Für welche Lösung hat sich das Kind entschieden? Ist die Lösung richtig oder falsch? Kann das Kind die Lösung begründen?) und durch das Beobachten des Kindes im **Lösungsprozess** (Wie ist das Kind vorgegangen? Benötigte es Hinweise zum Lösen der Aufgabe? Kann das Kind sein Vorgehen erklären? Weiß es mehrere Lösungswege?).
Hilfen können auf unterschiedlichen Ebenen gegeben werden:
- Das Kind erhält Hinweise zum Lösen und probiert das Vorgehen an weiteren Arbeitsblättern zum gleichen Schwerpunkt aus.
- Das Kind sammelt erst Erfahrungen auf der gegenständlichen Ebene und bearbeitet danach weitere Arbeitsblätter zum gleichen Schwerpunkt.

Zum Einsatz der Arbeitsblätter

Schätzen und Zählen (S. 3 bis 7)

Mit diesen Aufgaben werden die Fähigkeiten der Kinder im Schätzen und Zählen überprüft. Sind die Kinder bereits in der Lage, kleine Anzahlen im Hunderterraum zu überblicken und sinnvoll zu schätzen? Können sie anhand ihrer Erfahrungen überschauen, wo mehr und wo weniger Dinge zu sehen sind? Wie gehen die Kinder beim Schätzen und Zählen vor? Welche Strategien nutzen sie, können sie ihr Vorgehen auch begründen oder raten sie eher?
Die Beispiele auf den Arbeitsblättern sind so ausgewählt, dass sich Strukturen zum Zählen in Schritten nutzen lassen, zum Beispiel Fünferschritte, Viererschritte, Dreierschritte. Erkennen und nutzen die Kinder solche sichtbaren Strukturen zum Zählen? Welche Zählschritte gelingen ihnen schon gut, welche bereiten noch viel Mühe? Können sie vorwärts und rückwärts gleichermaßen gut in Schritten zählen (Arbeitsblatt 7)? Oder gelingt ihnen das Zählen in Schritten noch gar nicht und sie zählen nur in Einerschritten, um nicht durcheinander zu kommen. In diesem Falle wird ihnen das Fortsetzen von Folgen viel Mühe bereiten. Bei Arbeitsblatt 6 ist ebenfalls die Strategie der Kinder aufschlussreich, die sie einsetzen, um die gewürfelten Punkte zusammenzuzählen? Die Vorgehensweisen reichen vom Zählen der einzelnen Punkte, über das Zählen in Schritten bis zur Zehnerergänzung. Wichtig ist, dass Kinder eine sinnvolle Strategie wählen und sich auf dem Blatt eine Orientierung verschaffen, um nicht durcheinander zu kommen, zum Beispiel Abstreichen oder Ausmalen der schon gezählten Würfel.

Hinweise zum Fördern. *Sichere Zählstrategien sind eine Voraussetzung, um sich im Hunderterraum zu orientieren und effektive Rechenstrategien zu verstehen. Kinder, die nur in Einerschritten vorwärts- oder rückwärts zählen, haben oft noch Schwierigkeiten mit der Zahlbildung und den Zehnerübergängen. Sie brauchen zum Teil noch Förderung auf der enaktiven Ebene, indem zum Beispiel Gegenstände sichtbar in kleinen Gruppen angeordnet und dann gezählt werden. Für einige Kinder ist rhythmisches Zählen oder die Verbindung des Zählens mit Körperbewegungen wie Klatschen, Klopfen, Trampeln, Vorwärts- und Rückwärtslaufen hilfreich. Kinder mit Orientierungsproblemen haben Schwierigkeiten insbesondere beim Rückwärtszählen. Hierzu sind viele Übungen notwendig, die von Handlungen begleitet werden wie Ein- und Auspacken, Hoch- und Runtersteigen, Hinlegen und Wegnehmen u. Ä., wobei auch hier die Gegenstände gebündelt werden sollten, damit das Zählen in Schritten unterstützt wird (Fünferbündel, Zweierbündel, ...).*

Bauen (S. 8 bis 11)

Die Aufgaben zum Bauen dienen dem Erfassen und Weiterentwickeln von Vorstellungen. Die Kinder sollten in der Lage sein, mehrere verdeckte Körper zu erfassen, Strukturen zu erkennen und sinnvoll sowohl zum Zählen der einzelnen Würfel als auch zum Nachbauen des Bauwerkes zu nutzen. Das Nachbauen kann mit oder ohne Vorlage erfolgen. Dadurch lassen sich Rückschlüsse auf Konzentration, Gedächtnis und Orientierung ziehen. Beim Arbeitsblatt 9 sollen Würfel in der Vorstellung ergänzt werden, sodass eine Kiste vollständig gefüllt wird. Bei diesem und den beiden folgenden Arbeitsblättern geht es um das Operieren mit Vorstellungsbildern. Die Kinder sollen dazu die Bauwerke räumlich wahrnehmen und in der Vorstellung verändern bzw. ihre Sichtweise auf das Bauwerk ändern.

Hinweise zum Fördern. *Kindern, die in dieser Klassenstufe noch Probleme mit Würfelbauten haben, fehlen wichtige Erfahrungen aus der Vorschulzeit. Sie haben zu wenig mit Bausteinen gespielt und können Vorlagen nicht richtig interpretieren. Anfangs sollten die Kinder Vorlagen zum Bauen erhalten, auf denen alle einzelnen Bausteine sichtbar sind. Nach und nach können Bilder mit verdeckten Bausteinen verwendet werden. Die Kinder müssen erst die Erfahrung machen, dass nicht alle benötigten Bausteine auf der Zeichnung zu sehen sind. Sie lernen verdeckte Bausteine zu „sehen". Sind die Kinder daran gewöhnt, vor dem Bauen die Bausteine zu zählen und ihre Anordnung zu beschreiben sowie auf Strukturen zu achten, dann können sie Bauwerke auch ohne sichtbare Vorlage aus dem Gedächtnis nachbauen. Nach dem Bauen sollten sie ihre Bauwerke von allen Seiten betrachten und möglichst auch zeichnen.*

Vergleichen (S. 12 bis 16)

Vergleichen setzt genaues Wahrnehmen, systematisches Vorgehen und Berücksichtigen bestimmter Details voraus. Auf den Arbeitsblättern 12 und 13 sollen Unterschiede gefunden werden, die zu kennzeichnen oder zu beseitigen sind. Bei den Arbeitsblättern 14 bis 16 sollen die Anzahlen verglichen werden. Dabei ist von allen anderen Eigenschaften wie Form, Lage, Anordnung abzusehen. Interessant sind die Strategien der Kinder beim Lösen der Aufgaben, zum Beispiel: Welches Vorgehen wählen sie, welche Erfahrungen bringen sie ein, wie bereiten sie ihre Entscheidungen vor?

Hinweise zum Fördern. *Kinder, die bei diesen Aufgaben Fehler machen, arbeiten entweder noch sehr unsystematisch oder sie lassen sich von ihrem Gesamteindruck leiten und beachten zu wenig die Details. Im ersten Fall brauchen sie Hilfe zum systematischen Vorgehen. Sie sollten ihr Vorgehen planen und über ihre Strategie reflektieren: Worauf soll ich achten? Wie gehe ich vor? Was mache ich zuerst? Wo beginne ich mit dem Vergleich?*
Im zweiten Fall sollten die Kinder bewusst auf Details gelenkt werden, zum Beispiel: Was ist unterschiedlich? Was ist gleich? Übungen dazu können sowohl an Gegenständen als auch an Bildern erfolgen. Um die Aufmerksamkeit zu schulen, sollten die Unterschiede zwischen zwei Gegenständen oder Bildern immer geringer werden.

Orientieren (S. 17 bis 24)

Eine gut entwickelte Orientierungsfähigkeit ist unerlässlich zum Beachten und Einhalten von Arbeitsrichtungen beim Lesen, Schreiben, Rechnen und Zeichnen. Man muss vorgegebene Orientierungen erkennen und nutzen oder sich selbst Orientierungspunkte schaffen und diese beachten. In Klasse 3 sollten jetzt alle Kinder sicher in der Orientierung am Körper, im Raum und in der Ebene sein und Relationsbegriffe richtig verstehen und anwenden können.
Mit den Arbeitsblättern 17 bis 19 wird erfasst, ob Kinder Lagebeziehungen beachten und Relationsbegriffe selbst richtig anwenden können. Dabei wird von Beispielen aus der Umwelt ausgegangen, anschließend kann eine Orientierung im Raster erfolgen.
Die Arbeitsblätter 20 bis 24 spiegeln den Aufbau des Hunderterraumes wider. Der Zahlenraum ist dann sicher aufgebaut, wenn die Kinder unterschiedliche Darstellungen flexibel nutzen können. Zu Beginn der 3. Klasse ist es notwendig, dass Kinder sowohl den Aufbau der Hundertertafel als auch des Zahlenstrahles bis 100 verstanden haben. Sie sollen sicher Zahlenbeziehungen identifizieren und realisieren können. Diese Sicherheit kann mit der Bearbeitung des Arbeitsblattes 24 festgestellt werden. Dabei kommt es darauf an, dass die Kinder den ungefähren Platz der selben sechs Zahlen einmal im Hunderterquadrat, zum anderen am Zahlenstrahl bestimmen können. Eine solche flexible Handhabung macht Kinder letzten Endes vom Anschauungsmittel unabhängig und lässt sie beim Rechnen nur noch die erkannten Strukturen nutzen.

Hinweise zum Fördern. *Bestehende Probleme in der Orientierung müssen erst im außermathematischen Bereich aufgearbeitet werden. Dazu sind manchmal noch Übungen zur Entwicklung des eigenen und fremden Körperschemas notwendig:*
Körperteile zeigen und richtig benennen, zum Beispiel die rechte Schulter, den linken Zeigefinger, den rechten Fuß u. Ä.
Einfache Handlungen mit offenen und geschlossenen Augen ausführen und sich dabei orientieren, zum Beispiel mit der rechten Hand an das linke Ohr fassen, in die linke Hand fünf blaue Plättchen nehmen, auf dem linken Fuß dreimal hüpfen, die linke Hand auf die rechte Schulter der Lehrerin legen u. Ä.
Notwendig sind auch Orientierungsübungen im Raum und in der Ebene, zum Beispiel: Lege die Federtasche nach oben, das Mathematikbuch nach links und das Heft nach rechts. Lege den Bleistift auf das Buch und das Lineal unter das Buch u. Ä. Zeichne in die Mitte des Blattes einen Kreis. Zeichne unter den Kreis ... Zeichne in die linke obere Ecke des Blattes ... usw.
Im Anschluss an oben beschriebene Übungen sollten dann Übungen zur Orientierung im Zahlenraum erfolgen. Ein Pfeil kann dabei die Richtung verdeutlichen (vgl. Arbeitsblatt 20). Eine richtige (sinnvolle) Anordnung von Zahlen muss von Kindern immer wieder bewusst vorgenommen werden, damit sie Strukturen erkennen und zum Rechnen nutzen lernen.

Sortieren (S. 25 bis 28)

Die Arbeitsblätter 25 und 26 enthalten Aufgaben zum Sortieren, die mit Hilfe der Alltagserfahrung gelöst werden können. Zur Bearbeitung der Arbeitsblätter 27 und 28 müssen je 12 Bilder nach der Größe sortiert werden. Hier geht es um Schulung der Wahrnehmung, Beachten von Reihenfolgen, Vergleichen, aber auch um das Finden effektiver Strategien, wenn man sich unsicher fühlt und nicht weiter weiß. Zum Beispiel könnte man die Längen der Strecken mit einem Lineal messen oder die Karten einfach aufeinander legen und gegen das Licht halten, um Unterschiede zu sehen.

Hinweise zum Fördern. *Bei Schwierigkeiten sollten wie in Klasse 1 und 2 noch Übungen auf der gegenständlichen Ebene durchgeführt werden. Gegenstände aus der Umwelt können nach unterschiedlichen Eigenschaften sortiert werden, zum Beispiel nach Form, Farbe, Material, Verwendungszweck, Anzahl von Dingen, Größe o. Ä. Anfangs sollte nach einer Eigenschaft sortiert werden. Dann kann der Schwierigkeitsgrad erhöht werden, indem auf mehrere Eigenschaften gleichzeitig zu achten ist. Damit wird die Konzentration der Kinder geschult.*

Zusammenhänge erkennen (S. 29 bis 32)

Die Bearbeitung der Aufgaben auf diesen Arbeitsblättern lässt Rückschlüsse auf das Abstraktionsvermögen zu. Bei den Arbeitsblättern 29 und 30 ist jeweils ein inhaltlicher Zusammenhang zwischen den Bildern herzustellen. Das kann in einem Fall die gleiche Form sein, in einem anderen Fall eine gemeinsame Kategorie und im dritten Fall der gleiche Verwendungszweck der Gegenstände. Wichtig ist die Begründung der Kinder für ihre gefundene Lösung.
Bei den Arbeitsblättern 31 und 32 geht es um die Bearbeitung von magischen Quadraten und von Folgen. Dabei soll auf unterschiedliche Merkmale wie Form, Lage und Anzahl von Figuren geachtet werden. Die zu beachtenden Merkmale müssen selbst gefunden werden.

Hinweise zum Fördern. *Bei Schwierigkeiten können wie in den Klassen 1 und 2 zunächst Folgen auf der gegenständlichen Ebene identifiziert und realisiert werden. Zum Beispiel werden in eine Reihe folgende Gegenstände gelegt: 1 Stift, 1 Radiergummi, 1 Notizzettel, 1 Büroklammer. Das Kind soll die Reihe genauso fortsetzen. Später können Merkmale wie Anzahl, Lage, Farbe u. Ä. von Gegenständen dazukommen. Dann sollten einfache Folgen mit geometrischen Figuren gelegt werden, zum Beispiel werden ausgeschnittene Dreiecke, Vierecke und Kreise in einer bestimmten Reihenfolge gelegt (zwei Dreiecke, ein Viereck, ein Kreis, zwei Dreiecke, ...). Auch hierbei kann die Anzahl der zu beachtenden Merkmale schrittweise und für das Kind sichtbar erhöht werden. Hilfreich zum Erkennen der Struktur ist das laute Aufzählen der Dinge, die nacheinander angeordnet sind. Dadurch wird das Nacheinander betont und die Aufmerksamkeit auf die Merkmale der einzelnen Glieder der Folge gelenkt.*

Zahlen vorstellen (S. 33 bis 37)

Voraussetzung zum Kennenlernen und Erfassen der Zahlen bis 1000 sind gut entwickelte Zahlenvorstellungen bis 100. Das bedeutet nicht, dass man sich eine beliebige Anzahl von Dingen im Kopf vorstellen soll, sondern dass man über gut strukturierte Bilder verfügt, mit denen es sich in der Vorstellung leicht operieren lässt. In Fortsetzung der Übungen aus dem Diagnose-Förder-Material der Klassen 1 und 2 werden zur Darstellung der Zahlen solche Bilder verwendet, die die Zehnerbündelung nutzen und darüber hinaus die Kraft der Fünf zur Darstellung der Einer.
An solchen Bildern lassen sich Rechenoperationen als Handlungen gut sichtbar machen.
Zählende Rechner werden durch das Sehenlernen in ihrem Ablöseprozess vom Zählen unterstützt.
Während beim Arbeitsblatt 33 die einzelnen Elemente noch gut sicht- und zählbar sind, sollen die Kinder im Weiteren zu einer einfachen und stilisierten Form der Zahlendarstellung übergehen, damit das Malen nicht Selbstzweck wird. Voraussetzung dafür ist das Erkennen und Annehmen der Struktur durch die Kinder.
Mit den Arbeitsblättern 33 bis 35 werden die Zahlenvorstellungen der Kinder im Hunderterraum erfasst bzw. weiterentwickelt. Es sollte auf Kinder geachtet werden, die diese Anordnungen nicht simultan erfassen können, sondern immer wieder zählend vorgegebene Anzahlen ermitteln.

Die Arbeitsblätter 36 und 37 enthalten Übungen zum Verdoppeln und Halbieren von Zahlen. Auch hier dienen die Bilder zur Unterstützung der Vorstellungen und zum Verständnis des Vorgehens beim Verdoppeln und Halbieren.

Hinweise zum Fördern. *Die Arbeit mit strukturierten Mengen fördert das simultane Erfassen von Anzahlen. Die Kinder sollten anfangs noch häufig Zahlen mit den Arbeitsmitteln (Zehnerstangen, Einerwürfel) legen. Auf die Kraft der Fünf sollte dabei bewusst geachtet werden. Tastübungen unterstützen die Vorstellungsentwicklung. Zu allen Übungen auf den Arbeitsblättern können auch Übungen mit geschlossenen Augen durchgeführt werden.*

Figuren vorstellen (S. 38 bis 41)

Arbeitsblätter zum Vorstellen von Figuren kommen im Heft 3 des Diagnose-Förder-Materials erstmals vor. Sie unterstützen das Erfassen und Weiterentwickeln der Vorstellungen der Kinder. Die Kinder sollen Gegenstände und geometrische Figuren von verschiedenen Seiten betrachten. Bisher wurden solche Anforderungen nur bei Würfelbauten abgefordert. Um diese Aufgaben richtig zu erfüllen, müssen mehrere Merkmale wie Form, Lage, Muster gleichzeitig beachtet werden.

Hinweise zum Fördern. *Kinder, die bei diesen Aufgaben Schwierigkeiten haben, müssen vor allem Erfahrungen auf der gegenständlichen Ebene sammeln. Dazu sollten sie verschiedene Gegenstände häufig betrachten und zeichnen.*

Größen vorstellen (S. 42 bis 45)

Mit diesen Arbeitsblättern werden erste Erfahrungen und Vorstellungen der Kinder zum Geld, zur Länge und zur Zeit erfasst.

Hinweise zum Fördern. *Kinder, die diese Aufgaben nicht lösen können, bringen aus ihrem Alltag keine Erfahrungen oder nur mangelhafte Übung im Umgang mit Größen mit. Manchmal wurde von diesen Kindern der Umgang mit Größen aufgrund ihrer unzureichenden Erfahrungen mit Zahlen vermieden. Solche Entwicklungsverzögerungen können über das Bearbeiten von Arbeitsblättern nicht ausgeglichen werden. Die Kinder müssen in der Schule und in der Familie zum Umgang mit Größen angehalten werden, zum Beispiel bewusstes Umgehen mit Taschengeld und mit einer Uhr, Messübungen zu Hause u. Ä.*

Rechnen (S. 46 bis 50)

Kinder lernen Rechenoperationen über Handlungen kennen. Diese Handlungen werden anfangs selbst ausgeführt, später verinnerlicht und vorgestellt und dann auf der symbolischen Ebene mit mathematischen Zeichen dargestellt. Für einige Kinder wird dieser Prozess zu schnell durchlaufen. Noch bevor sie sich unter Rechenoperationen etwas vorstellen können, sollen sie schon auf der symbolischen Ebene operieren. Diese Kinder bleiben zählende Rechner und kommen mit großen Zahlen nicht mehr zurecht. Sie finden keine effektiven Rechenstrategien und können ihr Vorgehen selten erklären. Häufig wählen sie Mischstrategien aus Wissen, Zerlegen und Zählen. Mit dem Arbeitsblatt 46 wird erfasst, welche Rechenstrategien sie bei den unterschiedlichsten Aufgabentypen anwenden. Haben sie bereits das Zahlbildungsprinzip durchschaut (Aufgaben 30 + 5 und 47 – 7) und schreiben sie die Ergebnisse ohne zu zögern auf? Wenden sie bei den Aufgaben 40 + 20 und 80 – 50 die Strategie des Übertragens an und führen diese Aufgaben auf 4 + 2 und 8 – 5 zurück? Verstehen sie die Strategie des Zerlegens bei den Aufgaben 29 + 5, 37 + 25, 52 – 7, 73 – 46 und rechnen erst bis zum nächsten Zehner?
Zählende Rechner haben häufig die genannten Strategien noch nicht durchschaut. Sie tun sich schwer in der Beschreibung ihres Lösungsweges. Häufig verfügen sie noch nicht über ausreichende Zahlenvorstellungen, über Kenntnisse zum Aufbau des Hunderterraumes und über Handlungsvorstellungen zu den Rechenoperationen.
Mit den Arbeitsblättern 48 und 49 sollen die Vorstellungen der Kinder zu den Rechenoperationen

Multiplikation und Division erfasst werden. Sind sie in der Lage die Karten einander passend zuzuordnen? Können sie die Aufgaben in den Bildern entsprechend wiederfinden und zeigen? Nur wenn Kinder zu diesen Rechenoperationen sichere Handlungsvorstellungen aufgebaut haben, wird ihnen das Automatisieren des Einmaleins dauerhaft gelingen. Zum Erfassen der Kenntnisse der Malfolgen 3 und 4 dient das Arbeitsblatt 50.
Können die Kinder die Zahlen nur in der „richtigen" Reihenfolge aufsagen oder finden sie die Zahlen auch schnell heraus, wenn sie nicht geordnet sind?

Hinweise zum Fördern. *Sinnvolle Fördermöglichkeiten zum Vermeiden bzw. Abbauen des zählenden Rechnens ergeben sich aus dem Abfordern von bewussten Übersetzungen zwischen Handlung, Bild und Rechenaufgabe. Kinder müssen das Sehen lernen. Dazu sollen sie je nach Vorgaben zu Handlungen Bilder malen und passende Rechenaufgaben aufschreiben, zu Bildern Handlungen beschreiben und Rechenaufgaben zuordnen und zu Rechenaufgaben Bilder zeichnen und sich Handlungen ausdenken. Eine weitere wichtige Übung ist das bewusste Verändern von Würfelbildern, sodass neue (bekannte) Bilder entstehen. Bekannte Bilder ermöglichen ein simultanes Erfassen von Anzahlen und machen Zählen überflüssig. Die Kinder sollten darüber hinaus oft zu ihrem Vorgehen beim Rechnen befragt werden, sie sollen ihr Vorgehen beschreiben oder bildlich darstellen. Zählende Rechner erklären ihr Vorgehen auch durch Vorwärts- oder Rückwärtszählen im Kopf oder an Hilfsmitteln wie Finger, Lineal, Rechenkästchen o. Ä.*

Zur Rückseite

Die Rückseite innen und außen enthält Materialien, die sowohl zum Legen von zweistelligen Zahlen als auch zum Aufbau des Hunderterraumes genutzt werden können.

Die Zehnerstreifen ohne Zahlen (innen) sollen zum Legen von Zahlen verwendet werden, zunächst zum Legen von Zehnerzahlen. Um auch beliebige zweistellige Zahlen zu legen, stehen noch zehn einzelne Kreise zur Verfügung. Einzelne Kreise sollten in Form von Würfelbildern gelegt werden. Mit solchen Übungen werden Zahlenvorstellungen gefestigt. Es gilt besonders auf die Kinder zu achten, die immer wieder zählen müssen und die Struktur nicht erkennen und nutzen.
Die Zehnerstreifen mit Zahlen (außen) sollen zum Aufbau des Hunderterraumes verwendet werden. Im Hunderterraum kann gemeinsam die Struktur entdeckt werden – alle Zahlen mit dem gleichen Einer stehen untereinander, in der Mitte ist eine Lücke zum schnelleren Zurechtfinden, von links nach rechts sind die Zahlen angeordnet. Anschließend können einzelne Zahlen im Hunderterraum aufgesucht und ihre Umgebung betrachtet werden (Vorgänger, Nachfolger; Zahlen, die darüber und darunter stehen). Es gilt besonders auf die Kinder zu achten, die sich nicht zurechtfinden und immer wieder in der Richtung irren.